加工表面残余应力的建模与评价方法

杨文玉　黄　坤　张彦辉　著

科 学 出 版 社

北　京

内 容 简 介

本书围绕高性能加工中的温度、应力、应变状态量的建模，可测性与工艺参数可控性等基础科学问题，从加工残余应力的建模、测量数据分析与实验评价等几个方面，探讨基于加工应力状态预测的工艺参变量选择与控制方法。

本书可作为从事高性能制造与加工的科研人员、研究生与研发工程师的参考用书，也可供从事汽车装备、航空航天装备、海洋工程装备、核电装备等对服役性能有较高要求的产品研发与零部件制造的企业工程技术人员阅读与参考。本书部分插图配有彩图二维码。

图书在版编目（CIP）数据

加工表面残余应力的建模与评价方法 / 杨文玉等著.—北京：科学出版社，2020.5

ISBN 978-7-03-058975-0

Ⅰ. ①加…　Ⅱ. ①杨…　Ⅲ. ①金属加工－金属表面处理－残余应力－研究　Ⅳ. ①TG17

中国版本图书馆 CIP 数据核字（2018）第 221738 号

责任编辑：李建峰　王　晶 / 责任校对：高　嵘

责任印制：吴兆东 / 封面设计：苏　波

科 学 出 版 社 出版

北京东黄城根北街 16 号

邮政编码：100717

http://www.sciencep.com

北京凌奇印刷有限责任公司 印刷

科学出版社发行　各地新华书店经销

*

2020 年 5 月第　一　版　开本：787 × 1092　1/16

2024 年 3 月第三次印刷　印张：8 3/4

字数：200 000

定价：78.00 元

（如有印装质量问题，我社负责调换）

前　言

近年来，由于重大装备研制中对提高产品质量和可靠性的需求显著，高性能制造与加工成为普遍关注的研究领域及研究方向。虽然在该研究方向有大量的研究文献资料，但是仍缺少高性能加工领域较系统的基础理论与方法。

20 世纪 60 年代，以提高汽车关键零部件可靠性为背景，提出了表面完整性的概念，认为加工的表面完整性是影响其疲劳强度的主要因素，逐步明确了材料去除过程中冶金性质改变的内涵。有关表面完整性的研究内容，大致可以归类为几个方面的问题：评价表面完整性参数的实验与测量方法；提升功能、性能的表面完整性参数及其控制；残余应力测试方法及结构完整性评价；加工工艺参数与表面完整性生成的相互关系；不同加工过程产生的零件表面完整性及其功能、性能的识别与评价；表面完整性与残余应力的特征分析及对加工过程状态量预测模型的发展。近年来，在航空、航海与核电装备的关键零部件制造中，有关加工表面完整性的研究受到重视，对零件加工质量与性能的评价不再限于零件本身的几何精度和表面粗糙度，更多地将加工表面完整性与其服役性能联系起来。主要的研究趋势与方向为解决零件具体加工工艺与其性能特征的关联问题，使加工能够从依赖于经验知识解决孤立的问题，发展到可基于模型对加工件性能进行预测分析、可测量评价，进而实现工艺参数可控。显然，随着机械与材料、信息学科的发展融合，新工艺不断出现，且工艺更新周期日益缩短，表面完整性研究的必要性日渐突出。

高服役性能与加工性能的关联关系是具有宽跨度特点的研究问题。影响零部件失效与可靠性的原因可以追溯到三个方面：应力、材料微观组织与服役环境。本书的内容是在总结“高服役性能海洋动力定位装置制造的基础研究”中课题“复杂曲面零件切削加工能量调控与表面完整性形成原理”“难加工材料的复杂型面零件高精高效加工原理”的项目研究中取得的成果的基础上形成的，学术思路可概括为提出应力、应变是决定加工件服役性能的基础因素之一，并基于预期功能、性能对主要的加工过程状态量进行预测，从而得到追溯其关键工艺参数变量并进行控制的方法。

从能量方程的角度看，加工过程所做功的总和与材料切削所耗散的能量相平衡，后者包括材料弹塑性变形能、克服断裂韧性所做的功、摩擦功及切削运动的动能等。在切削力学理论中，材料在切削中所具有的状态服从切削耗散能极小化原理。广义的可加工性是一种量化的困难属性，不仅包括对刀具磨损、切削功率与表面形貌等传统因素的监测和度量，还要考虑加工导致的残余应力、微结构改变等冶金与力学效应。从切削参数的效应分析与建模的角度看，可以把切削参数作为可控输入变量，把应力场、应变场、温度场等作为加工过程的状态量。高性能加工的目标，就是不仅要满足形状尺寸精度、表面粗糙度、表面纹理等几何约束的要求，还要服从零件对其加工表面层的冶金与力学特征的要求。这些要求扩充了人们对传统可加工性的认识，使人们能够对具体材料的加工困难程度建立评价指标体系，以用于指导工艺参数与工艺条件的选择和控制，为获得切削工艺参数和条件与加工件功能、性能的关联关系提供手段。

对于螺旋桨这一类曲面零件的加工而言，残余应力及其导致的扭曲变形是评价其加工表面完整性的主要数据，与其服役中的功能、性能具有紧密的联系。应力、应变等状态量难以直接观测，而切削力-热的实验模型缺少必要的状态信息，因此建立含有材料物理状态量的分析模型对于预测残余应力及其生成机理是必要的。虽然采用金属切削仿真软件可以对材料的状态进行有限元模拟计算，但是仍缺少复杂类型的刀具几何、作用过程及曲面铣削的分析功能。

以镍铝青铜螺旋桨的高性能加工为例，其中的典型问题可概括为 4 个方面。①工艺参数的耦合效应。多工艺参数之间的相互耦合、切削过程中力-热的耦合作用，共同决定了加工过程状态变化。②状态量的不确定性。切削过程中的高剪切应变率、温度变化难以直接测量，使建模中所采用的参数具有不确定性。③多相组织的非平衡效应。对于具有多相组织特点的合金，加工作用导致材料中发生显著的非平衡应变，原因包括非均匀弹塑性变形、非均匀温度变化与伴随的松弛过程，在卸载后的自平衡过程涉及多个因素的再协调，使建模加工残余应力及生成机理非常复杂。④工艺参变量控制困难。在曲面零件铣削加工中，需要对铣刀几何及有效工作参数、工艺参数、曲面多轴铣削走刀方式等多源约束建模，实现对残余应力关联工艺参数的溯源与控制。

本书系统总结加工应力、应变的建模、预测、测量与仿真方法，结合光纤光栅传感进行应变测量及其贝叶斯数据分析，对残余应力的几何效应进行评价，形成基于可预测理论的加工建模方法、残余应力测量与评价方法。结构体系主线为加工残余应力的建模方法、可测性、可控性。

本书第 1 章介绍桨叶加工表面完整性的典型特征及评价指标。对残余应力与功能、性能的关系及应力管理的相关研究进行回顾，对加工残余应力的影响因素、建模分析及其工艺参数控制方法进行阐述。

第 2 章建立切削加工引入的残余应力的解析模型，为工艺实验设计提供定量分析手段。针对镍铝青铜材料，建立对加工工件表面层温度场、应力场与残余应力进行预测的解析模型，并讨论温度变化梯度、应力场分布与残余应力分布的特点。

第 3 章针对工艺参数在残余应力生成中的耦合作用机制，对工艺参数输入变量与所生成的状态量之间的关系进行溯源分析，以识别出与残余应力关联的基本控制变量。提出面向残余应力控制的切削参数反演模型与求解方法，结合镍铝青铜材料特点、选用的典型铣削刀具几何参数与手册推荐的加工参数范围，开展正交切削试验设计，并对识别的工艺参数及应用进行讨论。

第 4 章阐述加工表面残余应力的测量问题。针对镍铝青铜多相组织特点与识别，基于 X 射线测量数据对镍铝青铜组织构成开展定性与定量分析。据此，提出 X 射线方法测量镍铝青铜表面残余应力的数据显著发散的原因，通过引入贝叶斯分析模型提高残余应力测量准确性，并对结果的可信度进行分析评价。针对加工过程中机械应变与热应变的耦合变化现象，提出采用光纤光栅传感的应变与温度同步测量方法。本书配有图书二维码，通过扫描可看到部分彩图。

本书是在国家重点基础研究发展计划（973 计划）项目“高服役性能海洋动力定位装置制造的基础研究”中课题“复杂曲面零件切削加工能量调控与表面完整性形成原理”（2014CB046704）、“难加工材料的复杂型面零件高精高效加工原理”（2009CB724306）的资助下完成的。对于课题研究中叶晓明老师、胡树兵老师、王学林老师及参与课题研究的战崇华博士等实验室多位研究生开展的工作在此一并表示衷心的感谢。

参加本书编写的有杨文玉、黄坤、张彦辉，由杨文玉统稿。由于作者知识面与水平有限，不足之处在所难免，恳请读者不吝指教。

作　者

2019 年 10 月 10 日于武汉喻家山

目　　录

第1章　概　　述

加工表面完整性对服役性能具有显著影响，主要体现在：加工过程中热能、机械能的耦合作用会导致零件表面及亚表面层微结构的非协调应变，尤其对于具有多相微结构的螺旋桨镍铝青铜材料，这些非协调应变将带来复杂的相间作用，导致表面残余应力状态复杂。而加工表面含有残余拉伸应力的零部件，在作业工况的频繁交变应力作用下易导致典型的腐蚀疲劳、应力腐蚀失效问题。

因此，揭示工艺与零件切削变形区域应力应变分布之间的关联规律，掌握多输入变量与工艺条件对加工表面的复杂作用机理，实现切削参数、工艺条件等对表面完整性影响的定量评估，成为面向高服役性能零件加工原理与方法研究的关键问题。

1.1　桨叶的加工表面完整性

零件表面有两个重要的方面必须加以控制。第一个涉及表面的几何不规则性，第二个涉及表面和表面层的冶金与力学性能的改变。第二个方面称为表面完整性（surface integrity，SI），描述了表面功能性能的潜在状态。桨叶表面完整性的主要特征之一是残余应力及其导致的扭曲变形。加工表面完整性用于描述和控制表面层在制造过程中产生的许多潜在的变化，包括它们对几何形状、应力状态及其在服役过程中表面性能的影响。

加工中许多因素具有相互关联的复杂关系，加工表面是切削过程及其选择的加工参数的直接结果。为了获得期望的表面完整性，需要对加工工艺进行选择和控制，评估其对工程材料的重要工程特性的影响。

当所制造的构件必须承受高幅的动态应力时，表面完整性问题尤其显著。例如，动力定位推进器的螺旋桨承受复杂的动态载荷，镍铝青铜合金是在这些应用中使用的典型的耐腐蚀和高强度合金。残余应力以平均应力的形式影响螺旋桨的力学性能。在交变载荷作用下，残余应力作为平均应力叠加在动态应力上。如果残余应力的符号与加载应力相反，则容许的动态应力幅值增大。例如，5000 kW 级大功率推进器螺旋桨，其工作载荷最大等效应力达 120 MPa，试件的腐蚀疲劳性能测试表明，加工对表面层残余应力及冶金性能改变的影响十分显著。

一般来说，残余应力状态与抗疲劳性能有关，桨叶在残余应力作用下的扭曲变形会对桨叶的服役性能产生影响，如型线、螺距、叶厚分布等。调距桨是全回转推进器的重要部件，结构如图 1.1 所示，其工作曲面直接与腐蚀性海水介质作用，产生推力。调距桨的形状精度对其能量转换效率、工作应力和使用寿命都有重要影响。表 1.1 列出了桨叶几何参数对桨叶服役性能的影响（Carlton，2012）。

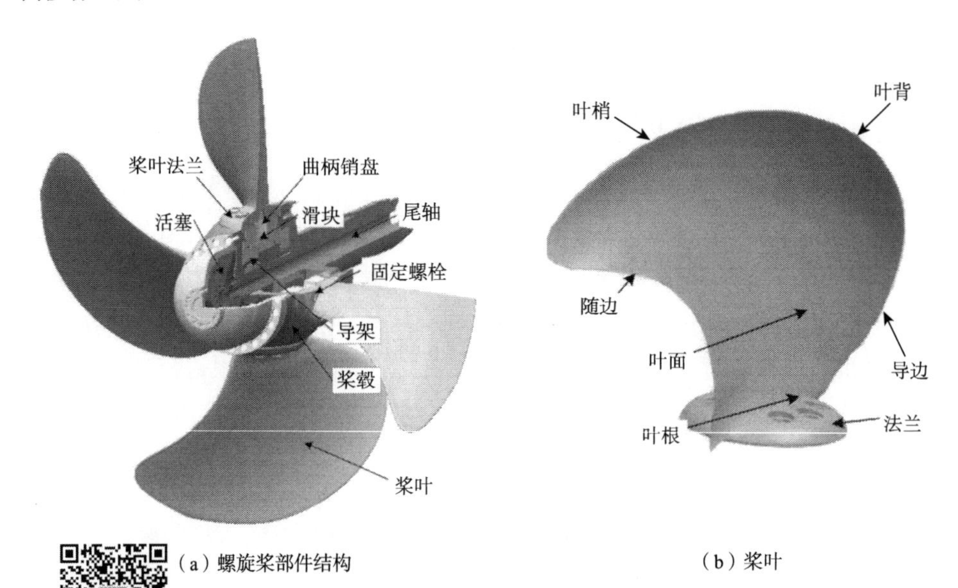

（a）螺旋桨部件结构　　（b）桨叶

图 1.1　全回转推进器螺旋桨

表 1.1　桨叶几何参数对桨叶服役性能的影响

参数	主要影响	次要影响
直径	吸收功率	
平均螺距	吸收功率	空泡程度
局部切面螺距	空泡萌生及空泡程度	吸收功率
切面厚度	空泡萌生，桨叶强度	吸收功率
常规切面形式（拱度）	吸收功率，空泡萌生	桨叶强度
切面弦长	空泡萌生	桨叶强度，吸收功率
导边形状	对空泡萌生至关重要	
斜掠和轴向位置	轻微的机械振动	
表面处理	桨叶切面阻力，进而影响吸收功率	
静平衡	轴振动载荷	

对于螺旋桨这一类动力部件，残余应力在受到外部载荷扰动时，会伴随发生再平衡过程，从而产生变形效应。由表 1.1 可知，加工残余应力及变形效应的控制对零部件服役性能的影响是必要的。对于非对称的曲面零件，变形控制及工艺参数的溯源一直是面临的挑战性问题。

以螺距角对可调距螺旋桨桨叶载荷特性影响为例，这里具体分析螺距角对某型螺旋桨桨叶力学性能的影响。通过对不同螺距角下的桨叶进行数值计算，获取桨叶在调螺距过程中力学性能的变化规律。不同螺距角时的螺旋桨几何模型如图 1.2 所示。

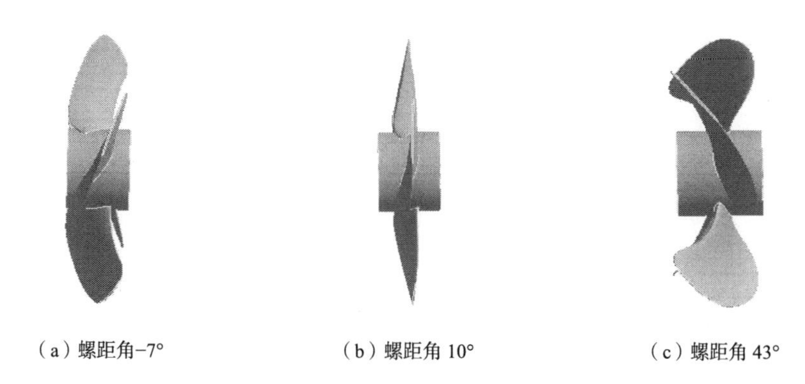

（a）螺距角−7°　　（b）螺距角 10°　　（c）螺距角 43°

图 1.2　不同螺距角时的螺旋桨几何模型

调距桨产生的桨叶推力值、桨叶最大应力及桨叶最大变形量随螺距角的变化曲线如图 1.3 所示。

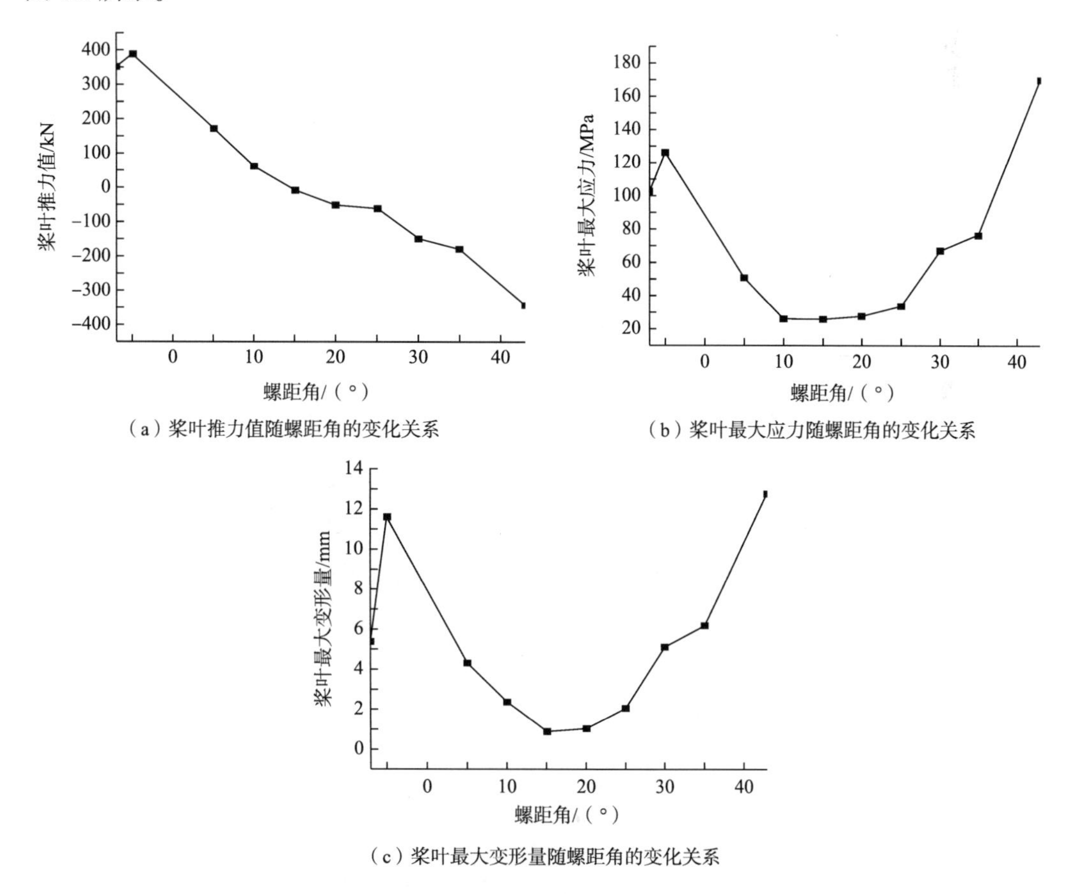

（a）桨叶推力值随螺距角的变化关系

（b）桨叶最大应力随螺距角的变化关系

（c）桨叶最大变形量随螺距角的变化关系

图 1.3　调距桨桨叶螺距角变化的影响

从图 1.3 中可知，在螺距角为 15°时，螺旋桨开始产生负向的推力，并且随着螺距角增大，负向推力增加。螺旋桨提供正向推力时，桨叶变形方向为推力面向吸力面弯曲。螺旋桨产生负向推力时，桨叶变形方向是吸力面向推力面弯曲。在螺距角为 15°时，桨叶两面受力较为均衡，此时桨叶所受应力、应变值最小。随着螺距角从 15°向增大或者减小方向变化，桨叶所受载荷都增大。

由以上分析可知，桨叶应力分布是螺旋桨服役性能设计的核心内容，应力分布的改变会影响其服役性能，残余应力的控制是必要的。而且，对于非对称结构的螺旋桨，倾斜角较大，应力分布对形状十分敏感（Carlton，2002），残余应力的扭曲变形效应就不得不考虑。

1.2　残余应力的变形效应分析与应力管理

实际加工过程中工件内部的应力场、温度场、金属塑性流动和相变等都会影响零件的最终几何形状。此类由加工过程中物理效应产生的加工后零件几何形状的偏差称为加工变形。加工变形产生的原因包括加工过程中表面残余应力的生成、基底残余应力的释放、切削力、切削热、切削过程中工件的刚度改变、装夹方式和夹紧力等。近年来，随着大尺度曲面零件和薄壁件在船舶海洋、航空航天领域的广泛应用，加工变形现象逐渐得到重视。对于海洋平台上动力定位系统中的大尺度调距桨零件而言，表面加工残余应力的生成和基底残余应力的释放是其加工变形的重要原因之一。对此类变形的建模和分析是控制此类变形的基础。为此，我们开展了对调距桨零件等大尺度曲面类零件的残余应力的相关加工变形的建模和仿真方法的研究。

加工变形是指加工后工件的几何形状和刀具运动包络面的几何误差，是工件加工过程中存在的普遍现象。最早关注加工变形现象的是航空航天领域。在航空航天领域中，科学技术的发展和飞行器性能的提高对飞行器的制造提出了更高的要求。一方面，大尺度工件、高材料去除率工件的广泛应用，使加工变形现象越来越明显；另一方面，工件的设计公差越来越小，新的飞行器设计要求对工件的加工误差越来越敏感。这导致加工变形成为影响该领域工件制造的关键问题，需要花费大量精力来解决。美国波音航空航天公司的一份报告称，其 47%的薄壁工件有加工变形问题，由工件变形引起的工件校正和报废的费用高达每年 2.9 亿美元。

在海洋工程领域，随着全回转推进器中的大尺度调距桨等高精度大尺度复杂曲面工件的广泛使用，加工变形现象逐渐得到重视。调距桨的加工过程中，由于存在明显的加工变形现象，设计如图 1.4 所示的辅助支撑和专用夹具来减小加工变形。但是辅助支撑只能在一定程度上减小加工变形，不能从根本上消除加工变形。对加工大尺度调距桨零件加工变形的控制，应该更多建立在相关机理研究的基础之上。

产生加工变形的主要原因包括切削力、切削热、表面残余应力生成、基底残余应力释放、夹紧力和工件刚度演变等，如图 1.5 所示。

对加工变形进行预测和控制有重要的意义。表面残余应力生成和基底残余应力释放是加工变形的重要组成部分。对于调距桨零件来说，表面残余应力生成和基底残余应力释放产生的加工变形也占很大比重。已发表的国内外文献在此领域进行了一定的研究。

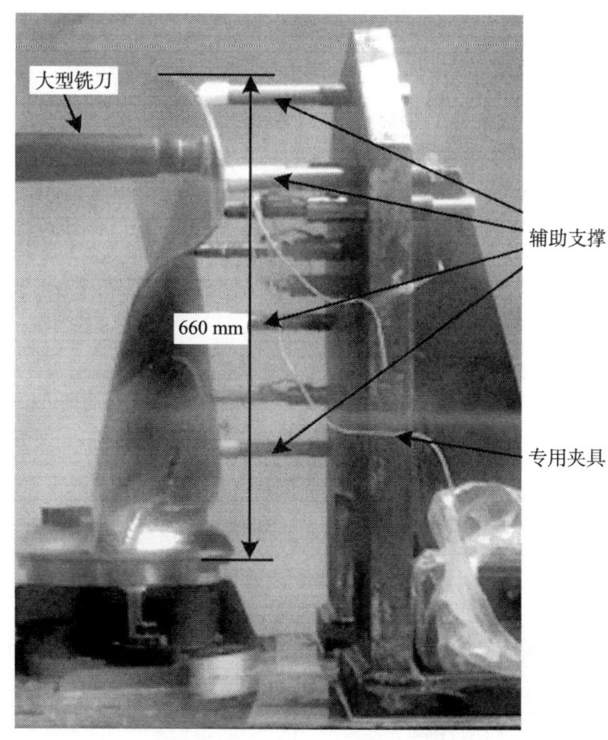

图 1.4　调距桨加工过程中的辅助支撑和专用夹具

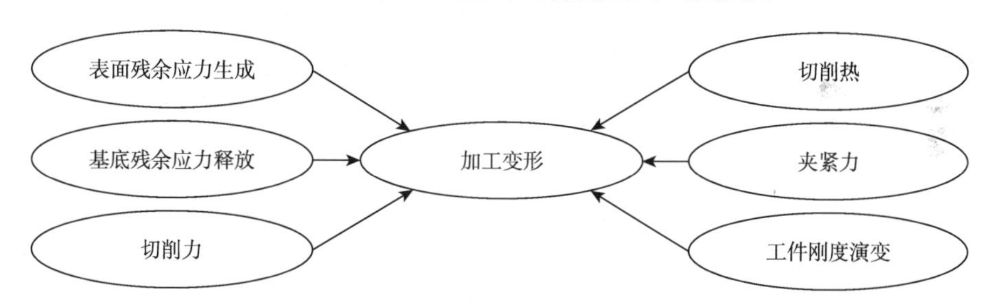

图 1.5　产生加工变形的主要原因

但是从大尺度调距桨加工变形的预测分析来看，目前的有限元仿真方法存在占用计算资源过多、无法处理大尺度曲面、对毛坯残余应力测量和建模要求过高等问题。

加工变形作为影响大尺度工件、曲面工件和薄壁工件制造的核心问题，很早就引起了国际上相关企业、学术界和政府机构的重视。政府机构方面，2001 年，美国空军联合 11 家单位和二十多所大学开展了“金属可承受性”（metals affordability initiative，MAI）项目，提出了应力管理（stress management）的概念，对零件进行全寿命周期内的残余应力综合优化，达到同步控制结构变形和提高服役寿命的目的。该项目在 2010 年发表的研究报告称，该项目的研究成果已用于美国空军的飞机结构件加工变形分析与寿命优化研究。2005 年，欧盟组织 12 个学术机构和工业制造商开展了为期 4 年的 COM-PACT 项目，旨在研究航空航天工业中的大尺度结构件的加工变形问题。该项目提出了面向变形的设计（design for distortion）的概念，提出在零件的加工部门和设计部门之间建立工艺反馈设计的渠道，将加工过程中的变形现象和数据反馈给设计部门，设计部门按照变形数据修改设计，达到减小和控制变形的目的。此外，德意志研究联合会在不来梅大学创建了合作研究中心来研究变形控制，提出变形工程（distortion engineering）的概念。该中心的 Brinksmeier 和 Sölter 还提出源应力（source stress）的方法计算加工变形，通过小型试件的弯曲，得出变形源应力的大小和分布，并通过在形状比较复杂的工件上施加源应力，计算其加工变形。这种方法使用源应力作用下的简单的弹性变形代替残余应力场的复杂作用，大大简化了变形计算的过程，也为面向变形控制的工艺参数优化提供了预测控制的思路。

英国诺丁汉大学的 Afazov（2009）提出全制造链仿真的概念，认为工件的制造包括很多环节，对这些过程进行仿真分析对优化整个制造过程及控制工件最终变形具有重要意义。Afazov 认为，大部分制造过程的仿真都有成熟的商用软件或者适合的软件工具，但几乎没有一种商用软件或者软件工具可以从头到尾完成整个工件的制造过程的仿真，包括铸造、锻造、焊接、热处理、切削、磨削和表面处理的全过程的物理仿真，这使上述仿真工作不得不在各自的仿真软件中完成，这样在这些软件之间转移和交换数据就显得尤为重要。为了在这些商用有限元软件之间交换数据，Afazov 开发名称为 FEDES（finite element data exchange system）的软件系统，可在多种商用有限元软件之间交换数据。利用 FEDES 软件系统，Afazov 完成了航空发动机叶轮和叶片制造过程的多工序仿真分析。

相关制造企业已经充分认识到加工变形是影响大尺度工件、曲面工件和薄壁工件制造的核心问题，并花费了很大精力进行技术攻关。相关企业在生产实践中也总结多种抑制加工变形的生产方法，如在加工过程中多次时效去除应力、多次基准找正抵消加工变形、对称铣削加工等。缺点是对变形机理不清楚，变形控制基于经验，变形抑制措施缺乏针对性，导致加工出的零件尺寸误差大、合格率低，很大一部分零件因为变形过大而报废。当加工变形已经产生时，对于薄壁件，国内企业一般依靠有经验的工人凭经验“锤击敲打”；对于较厚的工件，国内企业一般采取压力机矫正的方法。这些方法不仅矫形成功率低，而且可能损坏工件。

桨叶加工过程及其产生的残余应力导致的典型变形问题包括叶厚分布偏差、叶面型线偏差等。对于非均匀厚度分布的倾斜桨叶，变形会显著影响其偏离设计应力分布及预期的动态性能。

1.3　基于切削状态预测的工艺参数控制方法

传统的可加工性评价着眼于切削功率、刀具磨损、断屑及其效应。随着对加工表面完整性与服役性能的关注日益增加，从微结构及宏观力学性能考虑，相应提出了关于合金加工性能及质量的评价因素与体系问题。与铣削加工相关的典型表面改变包括表层残余应力、硬度变化、裂纹（宏观和微观）等。加工中产生的残余应力及其导致的变形是大型复杂曲面桨叶的典型问题，在本书中是加工表面完整性的关键特征指标。由于加工表面性能的改变涉及刀具磨损与断屑行为以外的因素，可以认为传统的可加工性并非十分关键。

1.3.1 镍铝青铜材料加工残余应力预测与评价

材料在经历切削力–热载荷作用后，产生的自平衡应力定义为加工残余应力。通常第一类（宏观的）残余应力用于表示各相之间的应力及变形协调行为，后者使应力在材料的基底上处于平衡状态。对于螺旋桨类的大型、复杂曲面的动力部件，第一类残余应力是影响其功能性能的潜在状态的重要因素。对于螺旋桨等海工应用，镍铝青铜合金通过组合多种元素成分与微结构，获得优异的耐腐蚀性、韧性和适当的强度。镍铝青铜合金微结构包括α相（固溶体）、多个κ相（金属间化合物）子类等，多达5~6相。但是，由于各相的刚度存在明显差异，加工制造导致的残余应力十分显著，并且后续对力和力矩平衡的任何干预都将改变其形状尺寸，产生残余应力导致的扭曲变形效应。其产生的表面变化通常对材料的静态机械强度影响较小，但对疲劳强度降低的潜在影响较大。

随之而来的问题是，这种适用于抗腐蚀疲劳应用的多相合金常常难以预测加工中的材料状态及效应。

机械加工表面残余应力是由塑性变形和表面热梯度引起的。切削过程工件内的应力场是残余应力的直接源头。表面的塑性变形通常在刀具后产生初始拉伸应力，以及由于过度应变伴随着弹性回复后的压缩应力。由于镍铝青铜合金组织存在相变温度条件，在合理的切削参数与温度条件下，可以避免发生微观组织改变。而在没有相变时，热梯度会导致残余拉应力。这是由于工件表面层通过塑性变形和刀具–工件摩擦加热，处于比工件基底更高的温度下，当零件冷却时，在高温下膨胀的表面层收缩超过基底，非均匀的收缩导致表面的残余拉应力。真实的应力场是将机械应力和热应力进行叠加得到的。

应力场分析是准确预测残余应力的前提。在研究中建立了时变的温度场和应力场模型，实现了对温度场和应力场分布的预测。其中考虑了热应力的引入带来的效应，反映出工件内的温度和应力与时间的关系。基于上述原理，研究得到了镍铝青铜应力场的分布，应力等值线围绕着刀尖前的辐射中心呈放射状分布，靠近中心的应力值和应力变化梯度较大，远离中心的应力值和应力变化梯度较小。

在切削加工温度场和应力场模型的基础上进一步建立了残余应力模型，根据边界条件建立应力释放方程组及输入条件，进而求解得到残余应力。通过对工件内不同深度的点进行应力释放，可以获得不同深度下的残余应力。这些预测方法的准确性取决于本构模型的精度、应力和温度。通过与商品化的有限元程序计算的残余应力及X射线衍射测量相比较，研究数据显示出计算和测量值之间良好的一般相关性。

从能量平衡方程的角度看，对材料加载所做的功等于弹塑性应变能、克服断裂韧性所做的功、动能及摩擦所做的功之和。这里弹塑性应变能与克服断裂韧性所做的功反映了“材料吸收能量的能力”，这两项可以通过对整个加载–位移曲线下的面积积分来得到。

而残余应力则对应机械作用卸载后，加载与卸载曲线之间的面积。

1.3.2　铣削工艺参数选择和控制方法

根据切削力学理论，材料的实际状态服从切削耗散能极小化原理。非均匀应变引起的残余应力主要受制造方法的影响。这为人们从切削加工能量控制的角度，选择工艺参数，以及形成加工表面残余应力状态提供了依据，目的是在镍铝青铜铣削加工过程中，通过对多轴铣削工艺进行规划，只产生低水平的残余拉应力，甚至产生残余压应力。对于螺旋桨制造中的镍铝青铜材料切削加工来说，需要在切削力学理论基础上建立预测模型，结合工艺实验设计、表面性能测试实现工艺变量的选择与控制。

铣削区别于其他加工过程的主要特点包括：当铣刀的齿交替地啮合和离开工件时发生断续的切削；铣削加工中切屑尺寸较小；每个切屑本身厚度的变化。在铣削过程中存在刀齿切入、啮合与切出三个阶段，当切屑形状为厚进薄出情况时，刀具对工件材料表面为挤压作用，即通常所说的顺铣过程，对于产生压应力是有利的；反之，在薄进厚出的切屑情况下，加工表面倾向于拉应力。

螺旋桨铣削中一般采用环形铣刀，刀具几何、切削速度、切削深度与进给量对材料状态的影响十分复杂。多参数之间存在复杂的耦合作用，仅通过切削理论模型还难以给出工艺参数选择的启发信息，以得到对于期望残余应力的有效控制变量。因此，建立具体工艺与表面性能之间的关联方法就十分重要，同时，它在工业的应用也是令人十分感兴趣的问题。

本书提出工艺参数选择与控制的参数反演方法，以建立与目标残余应力状态在统计意义上具有显著关联的关键工艺参数。在所建立的铣削模型中，把工艺参数作为控制变量输入，以切削温度和残余应力状态作为输出，从 4 个角度划分基本变量：①几何学变量；②运动学变量；③力学变量；④传热学变量。在实际切削中这些基本变量间是耦合的，主要体现在实际切削加工中一个基本变量的改变会引起某些基本变量的改变。通过正交试验设计，结合对残余应力状态的充分测试与数据分析，获得与残余应力状态相关的工艺参数，作为有效的控制变量。基于上述认识，提出加工工艺参数及其控制—表面完整性参数—提升功能性能的研究路线。

第 2 章　切削加工残余应力解析建模

目前切削加工残余应力建模方法主要有解析法和数值法，数值法又主要分成有限差分法和有限元法。解析法中自变量和函数是显函数关系，相比于数值法中的隐函数关系，解析法能清晰表达物理含义，因此在分析物理过程的机理上更具优势。鉴于此，本书采用解析法开展切削加工残余应力的建模。建模的一般过程为：首先建立切削工件内的温度场解析模型；然后用温度场解析模型计算切削过程热应力，采用接触应力的算法计算机械应力，将热应力和机械应力叠加，得到切削过程工件内总的应力场；最后计算切削结束后的应力释放，得到残余应力。

2.1　切削过程工件表面层温度场解析模型

2.1.1　半无限大介质内带状移动热源作用下的温度场解析模型

切削过程中，对工件内温度产生影响的切削热源主要有剪切带热源和后刀面–工件摩擦带热源，在正交切削中，这些热源可视作带状移动热源。由于热源作用深度远小于工件的厚度，工件可视作半无限大介质，可利用带状移动热源作用在半无限大介质内的温度场解析模型计算工件内的温度场。早在 20 世纪 50 年代，倾斜的带状移动热源作用在半无限大介质内的温度场解析模型已经由 Chao 和 Trigger 提出。半无限大介质的假设条件中，关于绝热边界的假设各有不同，因此衍生出若干温度场模型（Komanduri et al., 2000），相应对镜像热源的计算有所不同。按照 Komanduri 等的模型对绝热边界的假设（图 2.1），模型中工件内一点 $M(x,z)$ 的切削温升计算式为

$$
\begin{aligned}
T_{M(x,z)}^{\text{shear}} &= T_{\text{primary}} + T_{\text{imaginary}} \\
&= B\frac{q_{\text{shear}}}{2\pi\lambda}\int_0^L \mathrm{e}^{\frac{-(x-l_i\cos\varphi)V}{2a}}\left\{K_0\left[\frac{V}{2a}\sqrt{\left(x-l_i\cos\varphi\right)^2+\left(z-l_i\sin\varphi\right)^2}\right]\right. \\
&\quad \left.+K_0\left[\frac{V}{2a}\sqrt{\left(x-l_i\cos\varphi\right)^2+\left(z+l_i\sin\varphi\right)^2}\right]\right\}\mathrm{d}l_i
\end{aligned}
\tag{2.1}
$$

其中

$$
T_{\text{primary}} = B\frac{q_{\text{shear}}}{2\pi\lambda}\int_0^L \mathrm{e}^{\frac{-(x-l_i\cos\varphi)V}{2a}} K_0\left[\frac{V}{2a}\sqrt{\left(x-l_i\cos\varphi\right)^2+\left(z-l_i\sin\varphi\right)^2}\right]\mathrm{d}l_i \tag{2.2}
$$

$$T_{\text{imaginary}} = B\frac{q_{\text{shear}}}{2\pi\lambda}\int_0^L \mathrm{e}^{\frac{-(x-l_i\cos\varphi)V}{2a}} K_0\left[\frac{V}{2a}\sqrt{(x-l_i\cos\varphi)^2+(z+l_i\sin\varphi)^2}\right]\mathrm{d}l_i \tag{2.3}$$

$$q_{\text{shear}} = \frac{(F_{\text{c}}\cos\varphi - F_{\text{t}}\sin\varphi)\times\left[(V/1000)\cdot\cos\alpha/\cos(\varphi-\alpha)\right]}{t_{\text{c}}w\cdot\csc\varphi} \tag{2.4}$$

$$B = 0.603\,61\times N_{\text{th}}^{-0.371\,01} = 0.603\,61\times\left(\frac{t_{\text{c}}\times V}{a}\right)^{-0.371\,01} \tag{2.5}$$

式中：q_{shear} 为剪切面热释放强度（W/mm^2）；α 为刀倾角（°）；N_{th} 为热值（=tcV/a）；a 为热扩散率（mm^2/s）；L 为热源的长度；l_i 为剪切带热源的微分小段 dl_i 沿其宽度相对于其上端的位置（cm）；F_{c} 为切向切削力；F_{t} 为法向切削力；w 为切削宽度；t_{c} 为切削厚度；V 为平面热源的移动速度（cm/s）；V_{c} 为切削速度（cm/s）；R_1，R_2 为移动的线热源与 M 点的距离（cm），与温升有关。各个变量的表示参见图 2.1。该模型更详细的解释可参考文献 Komanduri 等（2000）。

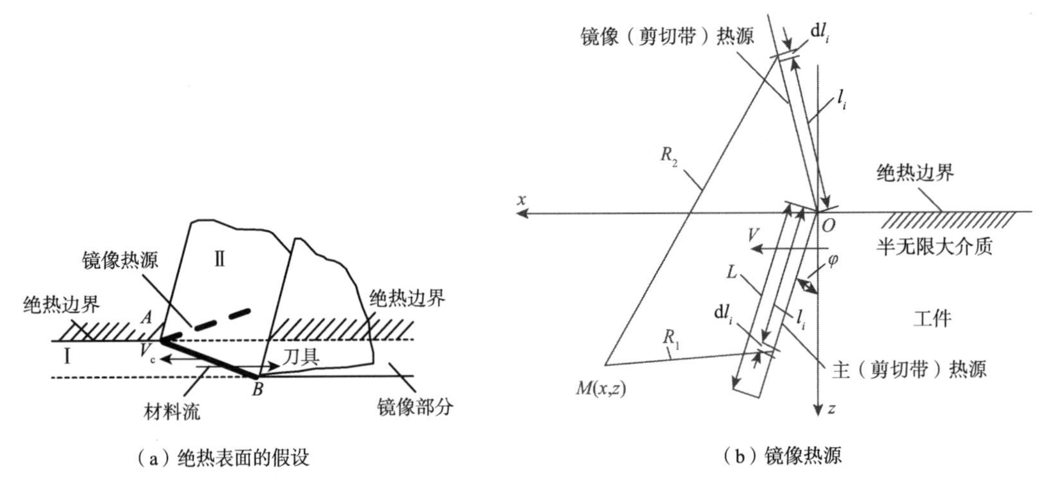

（a）绝热表面的假设　　（b）镜像热源

图 2.1　Komanduri 等的模型对绝热边界的假设和坐标系的设定（Komanduri et al.，2000）

当输入变量取值如表 2.1 所示时，用该模型计算出的工件内的等温线如图 2.2 所示。

表 2.1　切削输入变量取值（Komanduri et al.，2000）

φ/（°）	V/（cm/s）	q_{shear}/［J/（cm^2·s）］	L/cm	F_{t}/N	F_{c}/N
59.9	232	118 253	0.011 96	125	356

仔细观察图 2.2 中的等温线会发现，计算出的工件内的等温线在工件内向无限远处延伸，这一等温线分布特征说明随着切削的进行，工件内某点的温度上升到一定程度后就不再下降。进一步用 MATLAB 对该模型进行编程，绘出等温线，如图 2.3 所示（刀尖位于坐标系原点），图中的等温线分布情况与图 2.2 类似，等温线向无限远处延伸。等温线的这种分布特点反映出随着切削的结束，工件内的温度没有降下来，这种现象明显与实际切削的常规认识不符，因为实际切削结束后热源对工件的影响停止，工件必然会逐渐冷却下来，这在文献中用有限差分法计算出的等温线和用红外成像测温法获得的温度场均得到了体现，如图 2.4 和图 2.5 所示。可见原始温度场解析模型在该方面未能切实反映实际切削的温度场。

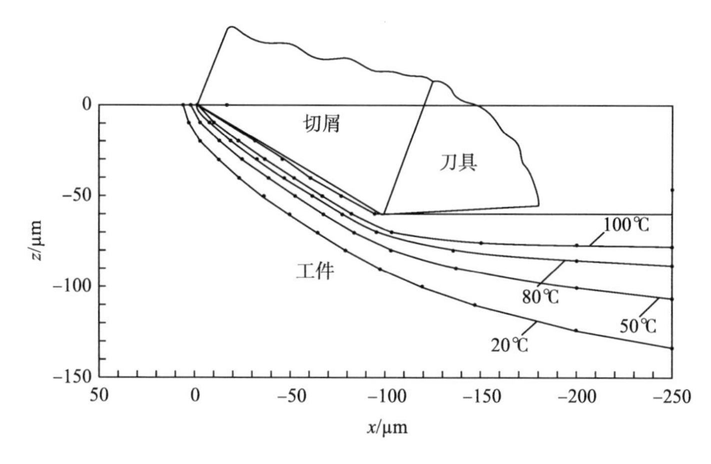

图 2.2　在剪切带热源作用下工件内的等温线

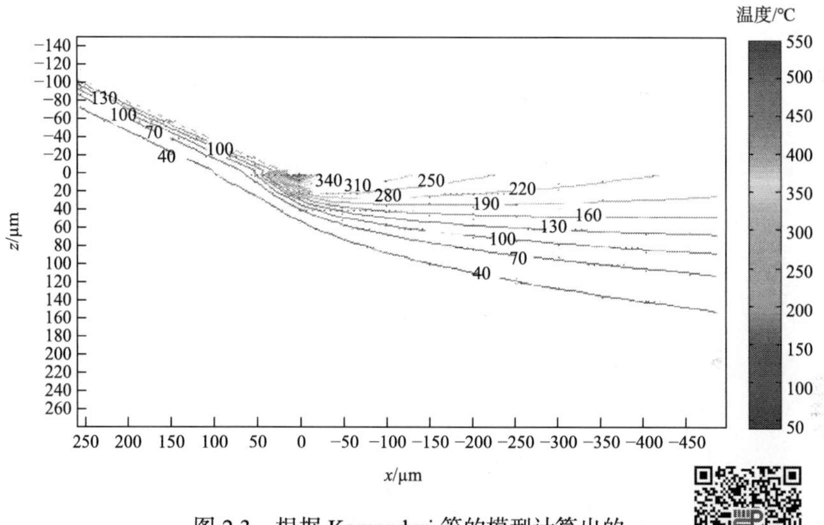

图 2.3　根据 Komanduri 等的模型计算出的工件内的等温线

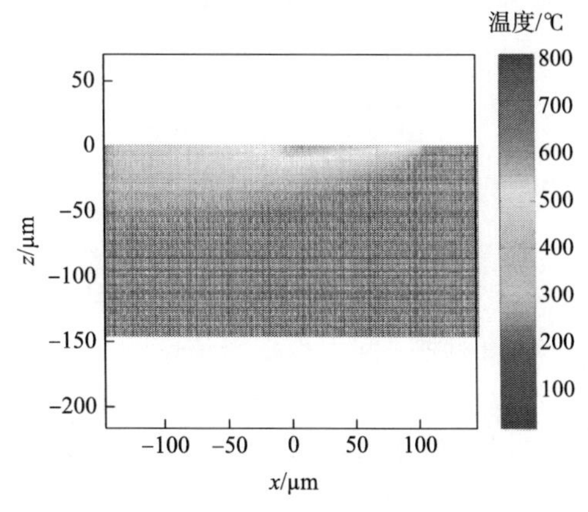

（a）Ulutan 等计算出的工件内的等温线（Ulutan et al.，2007）

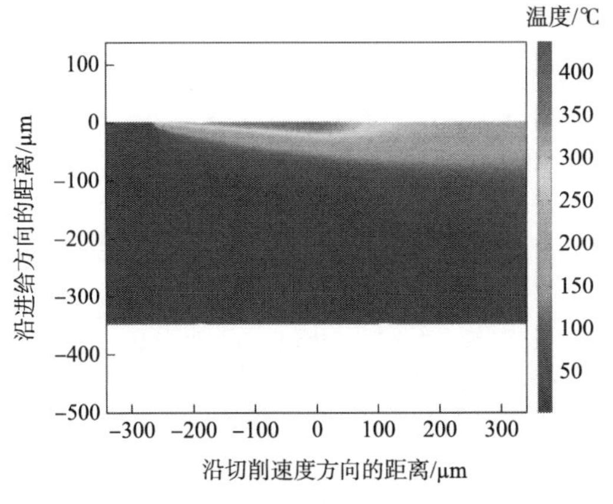

（b）Lazoglu 等计算出的工件内的等温线（Lazoglu et al., 2008）

图 2.4　用有限差分法计算出的正交切削工件内的等温线

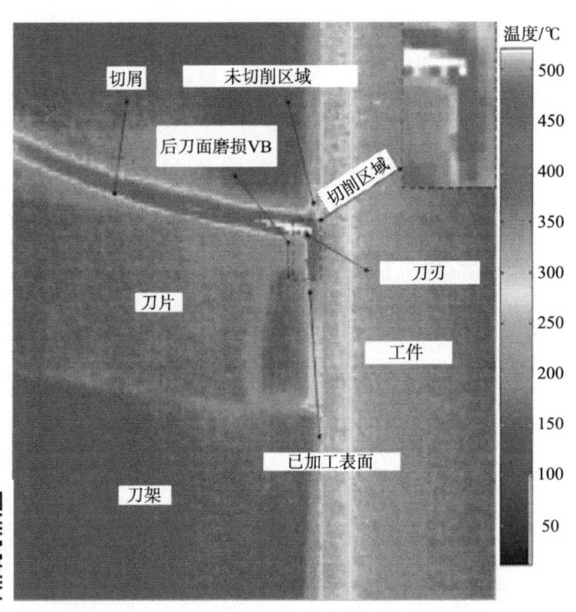

图 2.5　用红外成像测温法获得的正交切削工件内的温度场（Yan et al., 2012a）

VB 表示后刀面与工件接触区的宽度（mm）；后刀面磨损宽度一般认为与 VB 相同

2.1.2　引入加热时间修正经典温度场解析模型

针对经典模型不能反映切削结束后工件内温度下降的问题，本书作者认为这是由模型中没有将热源对工件内一点的加热时间考虑在内造成的。加热时间是指移动热源对工件内一点的作用时间。在实际切削时，热源掠过工件内的某一点的速度等于切削速度，因此对工件的加热时间是短暂的。虽然 Komanduri 等（2000）在研究平面移动热源时考虑了加热时间的问题，但其在研究正交切削的移动线热源时没有考虑该问题，因此在他们后续的研究工作中也就没有引入加热时间的概念（Komanduri et al., 2001）。然而必须注意到，本处提出的加热时间的概念和 Komanduri 等的文献（Komanduri et al.，2000）中指出的加热时间的定义是不一样的。回顾经典模型式（2.1）里有关时间变量的参数是零阶二次修正贝塞尔函数：

$$K_0 = \frac{1}{2}\int_0^{\infty} \frac{\mathrm{d}\omega}{\omega} \mathrm{e}^{\left(-\omega - \frac{u^2}{4\omega}\right)} \tag{2.6}$$

式中：$\omega = \dfrac{v^2 t}{4a}$；$u = \dfrac{v}{2a}\sqrt{\left(x - l_i \cos\varphi\right)^2 + z^2}$，$v$ 为热源的移动速度，在切削加工中等于切削速度，$a = \lambda \dfrac{1}{\rho_0 \cdot C}$（$\lambda$ 为热导率，ρ_0 为密度，C 为比热容），a 为热扩散率，φ 为剪切角。

可以看到，式中和时间 t 有关的变量是 ω，经典模型中没有考虑加热时间的长短是因为在式（2.1）中 K_0 的表达式是对时间 t 的无穷积分。实际上，对切削温度场模型的推导已表明，在温度场模型中采用零阶二次修正贝塞尔函数只是温度场模型的近似，相关文献（侯镇冰，1984）可见，这样的近似主要是便于在电子计算机尚未发明的条件下能够采用查表的方法计算复杂函数的积分。几十年来，一直未发现这样的近似替代带来的问题。本书认为，在考虑加热时间后，剪切带热源带来的温升将不再由 K_0 计算，而是改为

$$K_{\omega}^{\text{shear}} = \frac{1}{2}\int_0^{\frac{v^2 t_{\text{shear}}}{4a}} \frac{\mathrm{d}\omega}{\omega} \mathrm{e}^{\left(-\omega - \frac{u^2}{4\omega}\right)} \tag{2.7}$$

因此，经典温度场模型相应改为

$$\begin{aligned} T_{M(x,z)}^{\text{shear}} &= T_{\text{primary}} + T_{\text{imaginary}} \\ &= B\frac{q_{\text{shear}}}{2\pi\lambda}\int_0^L \mathrm{e}^{\frac{-(x-l_i\cos\varphi)V}{2a}} \left\{ K_{\omega}^{\text{shear}}\left[\frac{V}{2a}\sqrt{(x-l_i\cos\varphi)^2 + (z-l_i\sin\varphi)^2}\right]\right. \\ &\quad \left. + K_{\omega}^{\text{shear}}\left[\frac{V}{2a}\sqrt{(x-l_i\cos\varphi)^2 + (z+l_i\sin\varphi)^2}\right]\right\}\mathrm{d}l_i \end{aligned} \tag{2.8}$$

2.1.3　绝热边界的讨论

式（2.8）采用的是图 2.1 的绝热边界的假设。由于绝热边界的假设影响的是镜像热源的位置，而镜像热源位置的确定必须使分配到半无限大介质内的热能满足能量守恒，即分配到半无限大介质的热能需要是热源的总热能（不考虑辐射、传导导致的热能损失）。本书认为，若按照图 2.1 的绝热边界的假设，在计算中热源将被用来加热工件之外的部分，使工件内的热能少于热源产生的总热能，不满足能量守恒，会使计算的温度偏低。为此，本书将剪切带也视为绝热边界，如图 2.6 所示，相应地，式（2.8）中镜像热源将和主热源重合，得

$$\begin{aligned} T_{M(x,z)}^{\text{shear}} &= T_{\text{primary}} + T_{\text{imaginary}} \\ &= B\frac{q_{\text{shear}}}{2\pi\lambda}\int_0^L \mathrm{e}^{\frac{-(x-l_i\cos\varphi)V}{2a}} \cdot 2K_{\omega}^{\text{shear}}\left[\frac{V}{2a}\sqrt{(x-l_i\cos\varphi)^2 + (z+l_i\sin\varphi)^2}\right]\mathrm{d}l_i \end{aligned} \tag{2.9}$$

其中

$$
\begin{aligned}
T_{\text{primary}} &= T_{\text{imaginary}} \\
&= B\frac{q_{\text{shear}}}{2\pi\lambda}\int_0^L \mathrm{e}^{\frac{-(x-l_i\cos\varphi)V}{2a}} K_\omega^{\text{shear}}\left[\frac{V}{2a}\sqrt{(x-l_i\cos\varphi)^2+(z+l_i\sin\varphi)^2}\right]\mathrm{d}l_i
\end{aligned} \tag{2.10}
$$

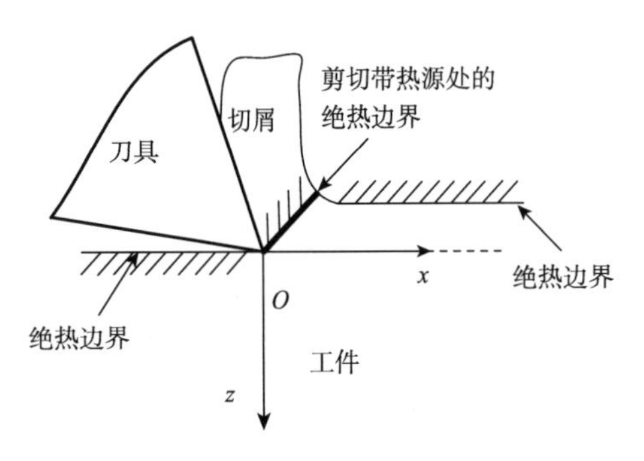

图 2.6　工件上绝热边界的设定

剪切带处既有热传导带来的热能损失，也有切屑流动带来的热能损失，使剪切带热源产生的热能不能完全传导入工件，这一损失的热能用热分配系数 B 来表示（B 的计算沿用 Komanduri 等的模型，见 2.1.1 小节）。

另外，由于工件材料和刀具的弹塑性变形，后刀面和工件的接触将会是面接触，需引入后刀面-工件摩擦热源来进一步修正原始模型。该处的热源在绝热边界上，因此其主热源和镜像热源也是重合的，如图 2.7 所示。类似于剪切带热源的温度模型，在引入加热时间后，K_0 改为 $K_\omega^{\text{rubbing}}$，后刀面摩擦带热源的温度场模型表述为

$$
T_{M(x,z)}^{\text{rubbing}} = \frac{q_{\text{rubbing}}}{2\pi\lambda}\int_0^{\text{VB}} B_{\text{rubbing}}(s)\mathrm{e}^{-(x-s)V/2a}\cdot 2K_\omega^{\text{rubbing}}\left[\frac{V}{2a}\sqrt{(x-s)^2+z^2}\right]\mathrm{d}s \tag{2.11}
$$

其中

$$
K_\omega^{\text{rubbing}} = \frac{1}{2}\int_0^{\frac{v^2 t_{\text{rubbing}}}{4a}} \frac{\mathrm{d}\omega}{\omega}\mathrm{e}^{(-\omega-u^2/4\omega)} \tag{2.12}
$$

$$
B_{\text{rubbing}}(s) = -0.734\,1\times\frac{s}{\text{VB}}+0.882\,5,\quad s\in[0,\text{VB}] \tag{2.13}
$$

$$
q_{\text{rubbing}} = \frac{F_{\text{cw}}(V/1\,000)}{w\cdot\text{VB}} \tag{2.14}
$$

式中：s 为长度参数，变化范围为[0，VB]；F_{cw} 为后刀面-工件表面摩擦力；q_{rubbing} 为刀具后刀面-工件摩擦区的热释放强度（W/mm^2）。

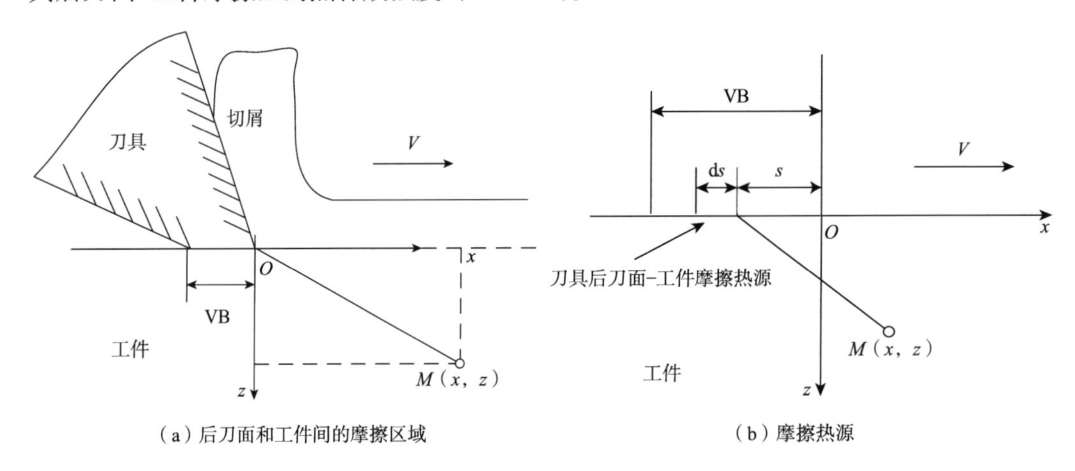

（a）后刀面和工件间的摩擦区域　　（b）摩擦热源

图 2.7　刀具后刀面-工件摩擦热源

在剪切带热源和后刀面摩擦带热源的共同作用下，工件内一点的温升为这两个热源作用之和：

$$
\begin{aligned}
T_{M(x,z)} &= T_{M(x,z)}^{\text{shear}} + T_{M(x,z)}^{\text{rubbing}} \\
&= B\frac{q_{\text{shear}}}{2\pi\lambda}\int_0^L \mathrm{e}^{-(x-l_i\cos\varphi)V/2a}\cdot 2K_\omega^{\text{shear}}\left[\frac{V}{2a}\sqrt{(x-l_i\cos\varphi)^2+(z+l_i\sin\varphi)^2}\right]\mathrm{d}l_i \\
&\quad + \frac{q_{\text{rubbing}}}{2\pi\lambda}\int_0^{\text{VB}} B_{\text{rubbing}}(s)\mathrm{e}^{-(x-s)V/2a}\cdot 2K_\omega^{\text{rubbing}}\left[\frac{V}{2a}\sqrt{(x-s)^2+z^2}\right]\mathrm{d}s
\end{aligned}
\tag{2.15}
$$

其中由于刀具后刀面-工件摩擦带的引入，将式（2.4）中的 F_c 改为 $F_c - F_{cw}$ 后，q_{shear} 变为

$$
q_{\text{shear}} = \frac{\left[(F_c - F_{cw})\cos\varphi - F_t\sin\varphi\right]\times\left[(V/1000)\cdot\cos\alpha/\cos(\varphi-\alpha)\right]}{t_c w\cdot\csc\varphi} \tag{2.16}
$$

式（2.15）为计算工件内一点温升的最终公式。

剪切带热源和后刀面摩擦带热源的温度场均用到加热时间，加热时间的定义为工件内一点穿越热源所用的时间，因此，剪切带热源和后刀面摩擦带热源的加热时间分别为其热源长度在切削速度方向上的投影除以切削速度（图 2.8）：

$$
t_{\text{shear}} = \frac{L\cdot\cos\varphi}{V} \tag{2.17}
$$

$$
t_{\text{rubbing}} = \frac{\text{VB}}{V} \tag{2.18}
$$

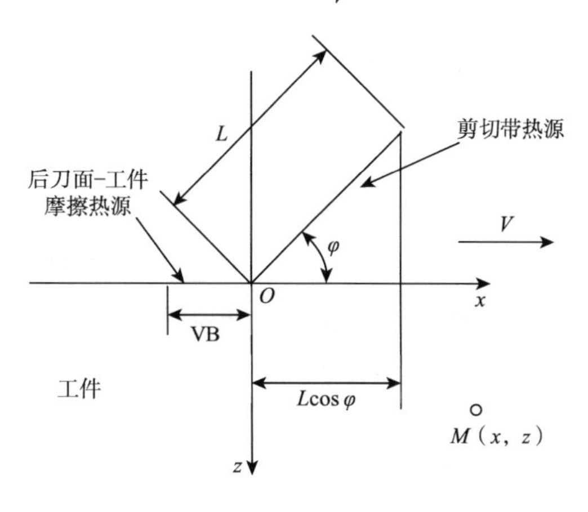

图 2.8　热源在切削速度方向上的投影

2.1.4　工件内的等温线和切削温度的实验测量

为验证改进的温度场模型，设计了表 2.2 的切削条件，表中切削力和剪切角采用有限元软件仿真获得，工件材料为镍铝青铜合金。与切削条件无关的输入变量见表 2.3。

表 2.2　与切削条件相关的输入变量

切削条件序号	切削条件			输入变量		
	切削速度 V_c/(m/min)	切削厚度 t_c/ mm	切削宽度 w/ mm	剪切角 φ/(°)	F_c /N	F_t /N
1	70	0.10	5	22	920	390
2	110	0.10	5	24	910	310
3	90	0.08	5	23	790	280
4	90	0.13	5	25	1310	530

表 2.3　切削过程中其他的输入变量

密度 ρ_0/(kg/m^3)	比热容 C/[J/(kg · ℃)]	摩擦系数 μ	前角 α /(°)	后角 γ /(°)
7280	419	0.22	17	8

解析模型计算出的工件内等温线如图 2.9 所示，等温线起源于剪切带热源和摩擦带热源，向与切削速度方向相反的方向深入工件内部，达到一定深度后折回工件表面，可见等温线分布在有限的区域内，靠近热源的位置温度较高，远离热源的位置温度较低。这些等温线的拓扑特征表明，切削结束后的降温过程被考虑了，比原始模型更加符合红外成像测温法得到的温度场等值线（图 2.5）。可以看到等温线存在最大深度，反映了相应温度的渗透深度，而且温度渗透深度随深度增加呈指数下降趋势，如图 2.10 所示。

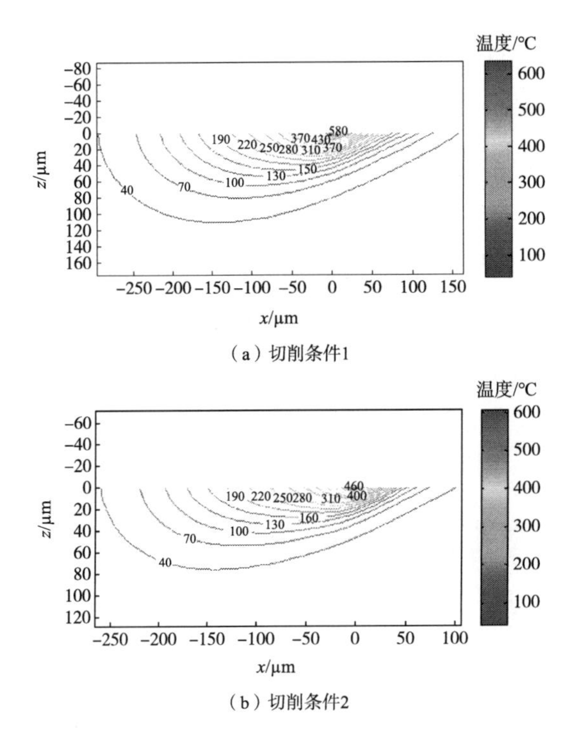

（a）切削条件1

（b）切削条件2

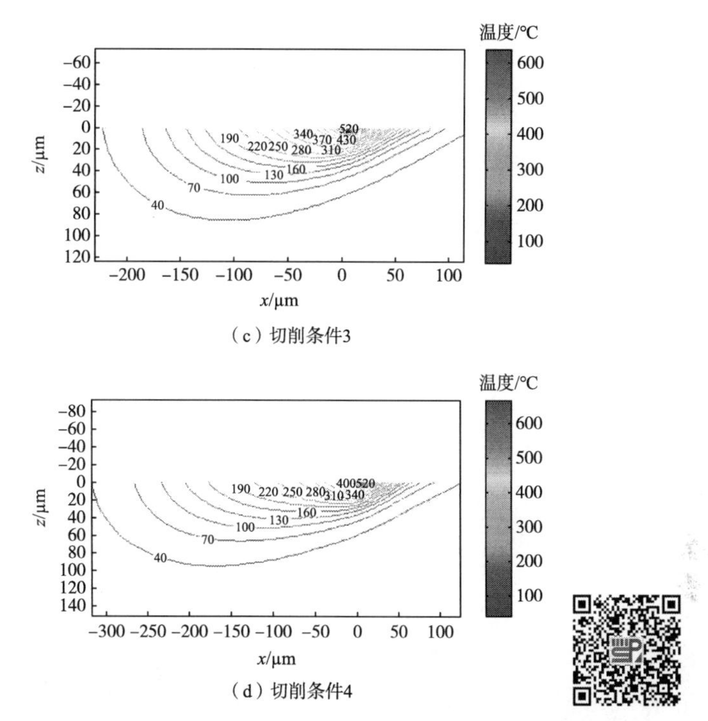

（c）切削条件3

（d）切削条件4

图 2.9　解析模型计算的不同切削条件下工件内的等温线

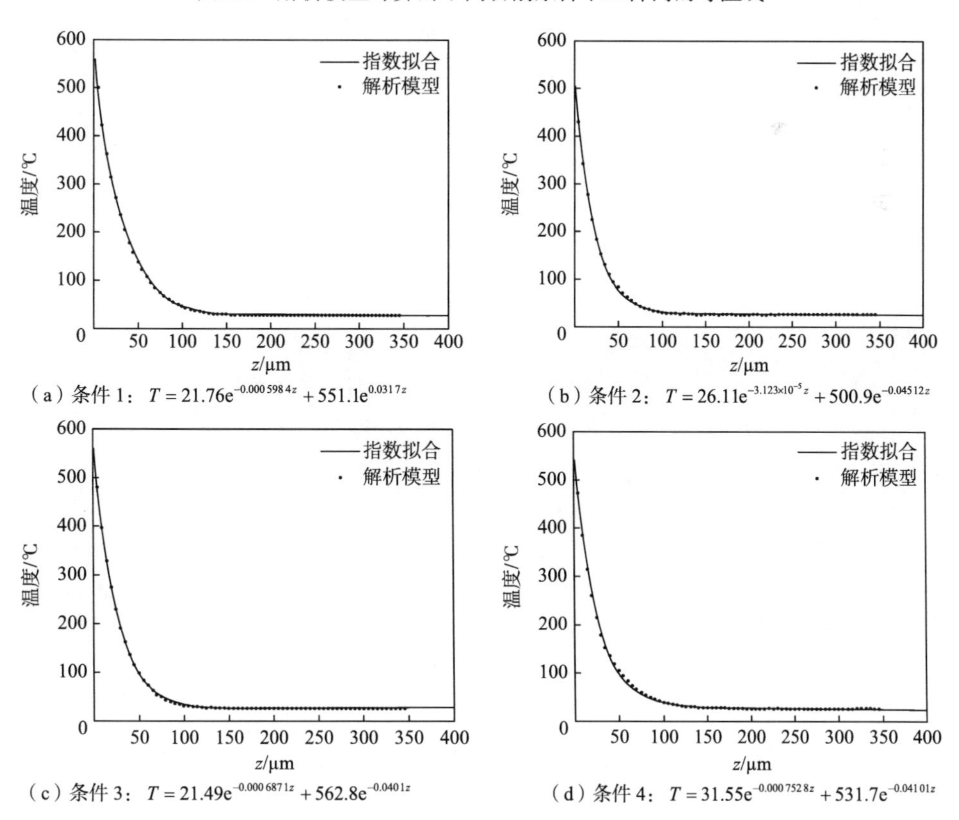

（a）条件 1：$T = 21.76e^{-0.000\,598\,4z} + 551.1e^{0.031\,7z}$

（b）条件 2：$T = 26.11e^{-3.123\times10^{-5}z} + 500.9e^{-0.045\,12z}$

（c）条件 3：$T = 21.49e^{-0.000\,687\,1z} + 562.8e^{-0.040\,1z}$

（d）条件 4：$T = 31.55e^{-0.000\,752\,8z} + 531.7e^{-0.041\,01z}$

图 2.10　各个切削条件下温度随深度变化的指数拟合函数

为从实验上测量切削温度在工件内的渗透深度，本书采用了物理气相沉积法。该方法将不同熔点的金属和合金的薄膜（厚度约 200 nm）镀在工件剖面上，将工件合并后进行切削，随后将工件打开，在显微镜下观察薄膜的熔化情况，薄膜熔化和未熔化部分形成等温边界，测量等温边界到已加工表面的距离即相应熔点的温度渗透深度。镀膜材料如表 2.4 所示，实验过程如图 2.11 所示。当测量正交切削的温度渗透深度时，工件如图 2.12 所示。显微镜下得到的部分薄膜熔化后等温边界的测量如图 2.13 所示。

表 2.4　镀膜靶材及其熔点

材料	符号	熔点/℃	材料	符号	熔点/℃	材料	符号	熔点/℃
锡	Sn	232	锌铝合金	Zn-Al	560	铝硅合金 2	Al-Si	860
铅	Pb	328	铝	Al	660	铝硅合金 3	Al-Si	960
锌	Zn	419	铝硅合金 1	Al-Si	760	铜	Cu	1083

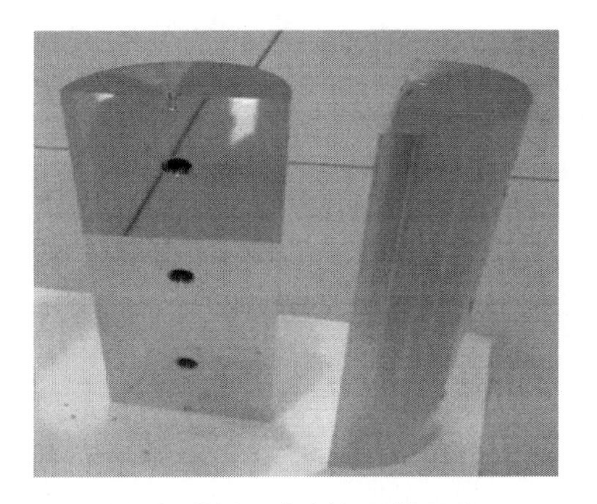

（a）将工件剖开，打磨剖面至镜面程度

（b）制备掩模

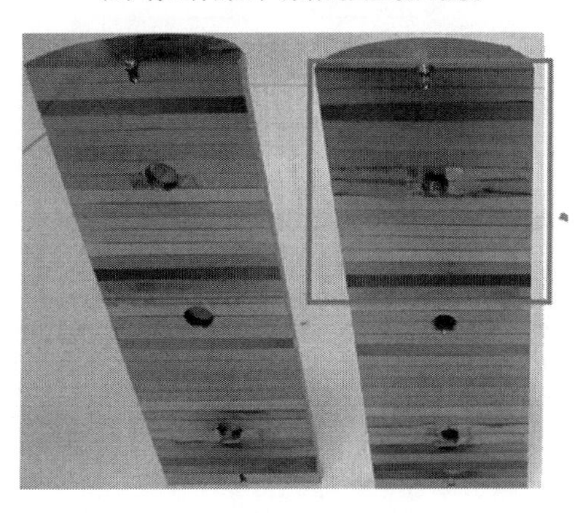

（c）镀上不同熔点的金属薄膜

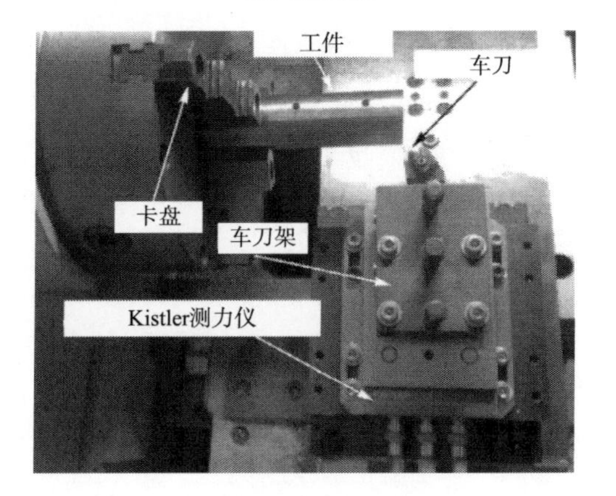

（d）将工件合并进行切削

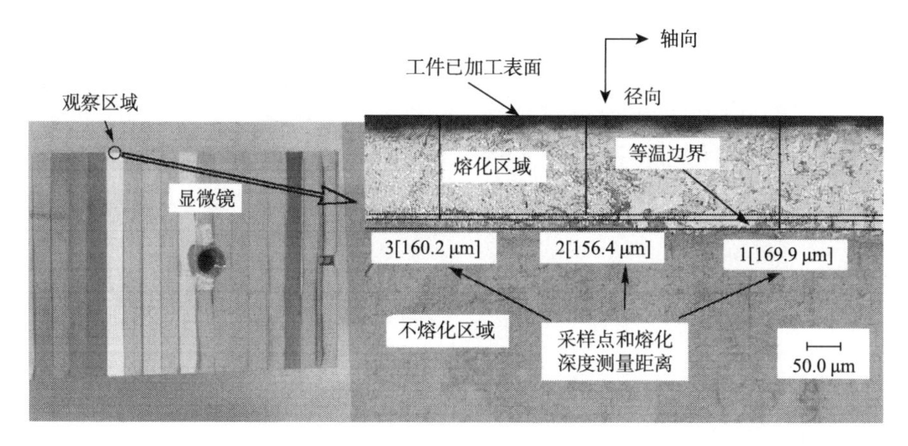

（e）切削完成后将工件打开，用显微镜观察薄膜熔化情况，测量等温边界到表面的距离

图 2.11　基于物理气相沉积法的切削温度测量

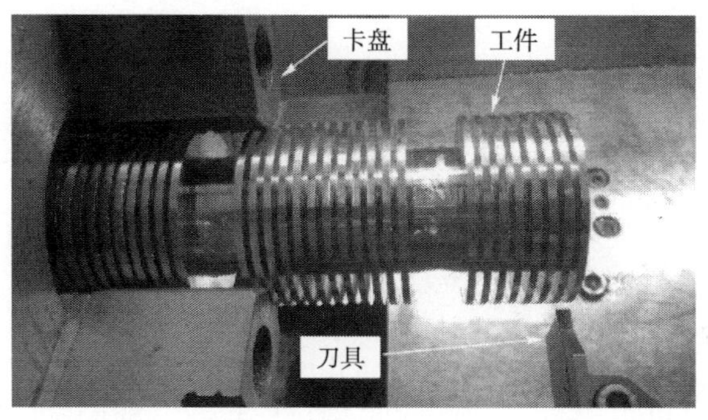

图 2.12　采用物理气相沉积法测量正交切削温度
渗透深度时的工件

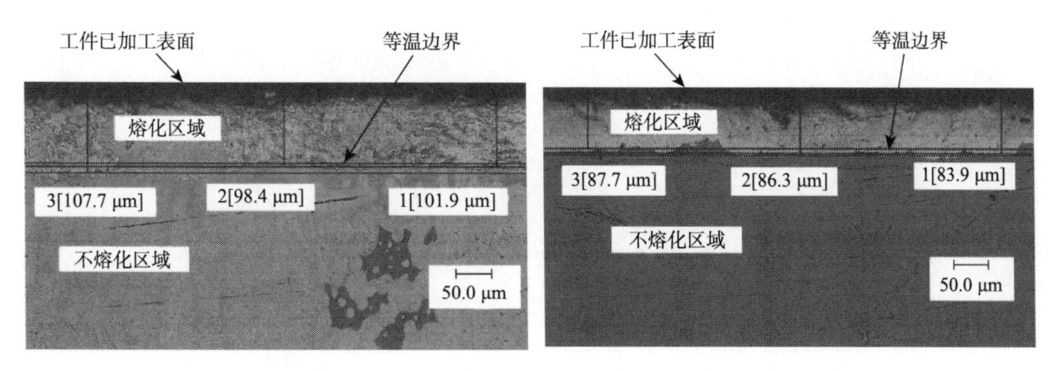

（a）铅，328 ℃　　（b）锌，419 ℃

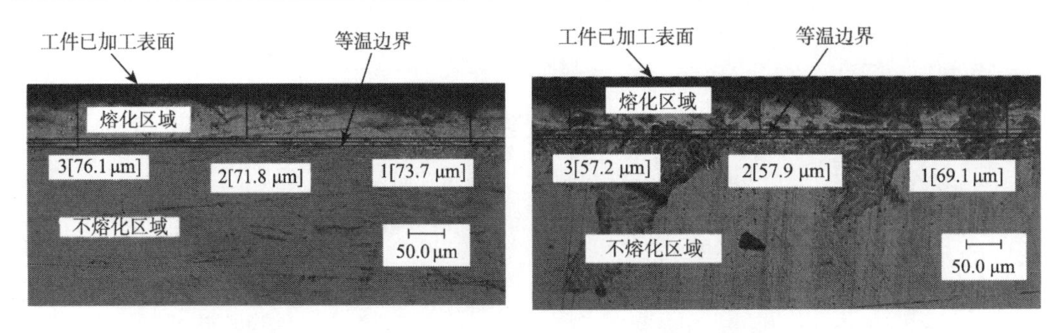

（c）锌铝合金，560 ℃　　（d）铝，660 ℃

图 2.13　部分薄膜熔化后等温边界的测量

按照表 2.2 切削条件测量的温度渗透深度如图 2.14 所示，与计算结果对比，可见温度渗透深度是比较浅的。

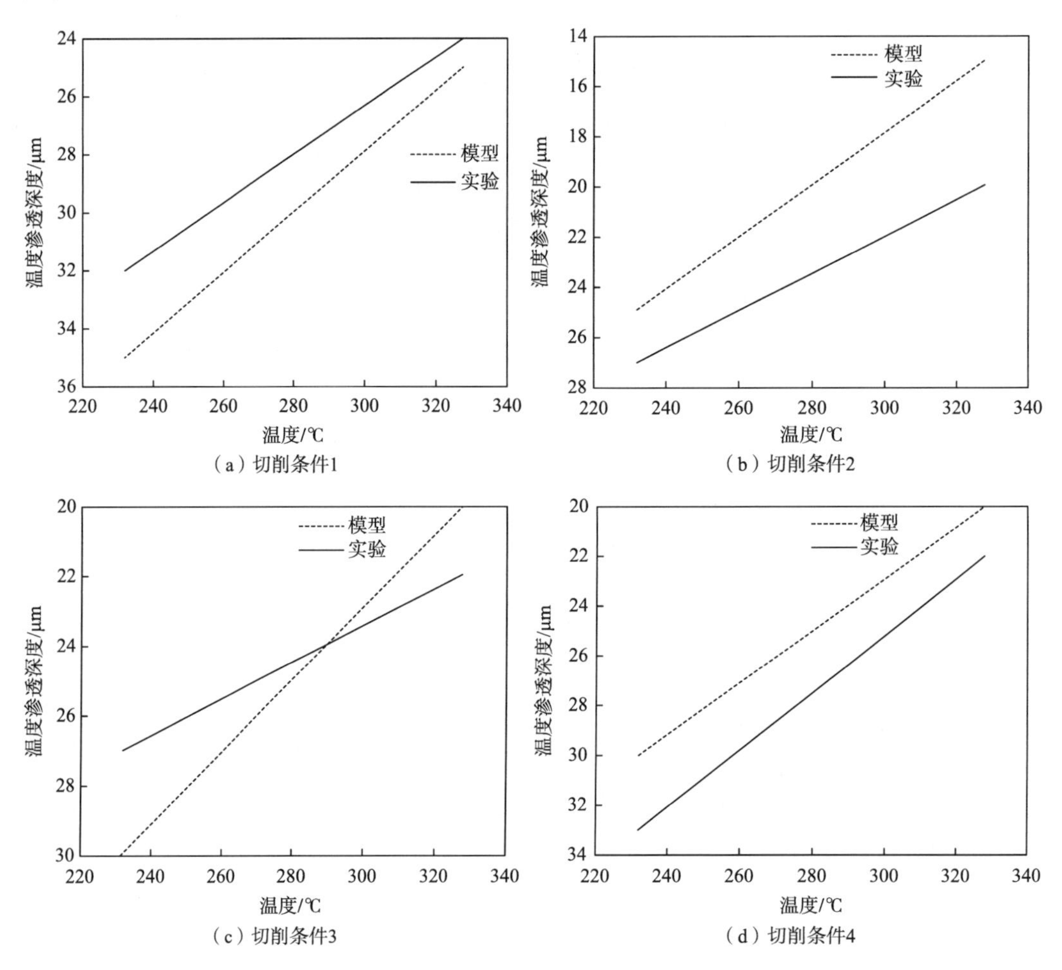

图 2.14　模型与实验获得的温度渗透深度

另外，采用该温度测量方法测量了外圆车削的温度渗透深度，采用的刀具几何参数和切削条件分别如表 2.5 和表 2.6 所示。

表 2.5　刀具几何参数

前角/（°）	后角/（°）	刀尖圆弧半径/ mm	刃口钝圆半径/ mm
5	5	0.4	0.02

表 2.6　切削条件

切削条件序号	切削速度 V /（m/min）	进给量 f /（mm/r）	切削深度 a_p / mm
1	60	0.08	1.2
2	120	0.08	1.2
3	180	0.08	1.2
4	240	0.08	1.2
5	200	0.01	1.0
6	200	0.07	1.0
7	200	0.12	1.0
8	200	0.25	1.0
9	150	0.11	0.2
10	150	0.11	0.6
11	150	0.11	1.6
12	150	0.11	2.1

实验结果表明，切削速度较低（60 m/min）时，工件内的温度渗透深度和最高温度处于较低水平；当切削速度提高到 120 m/min 时，温度渗透深度和最高温度均增大；而当切削速度再分别提高到 180 m/min 和 240 m/min 时，温度渗透深度和最高温度依次下降。这种现象和 Salomon 提出的理论（Longbottom et al.，2006）相符合。本书认为可以从三个方面对该现象进行解释：第一方面，切削速度的提高会使更多的机械能转化成热能，这有利于温度渗透深度的增加和最高温度的提高；第二方面，切削速度的提高会使热源对工件的作用时间减少，热源没有充分的时间来加热工件，这不利于温度渗透深度的增加和最高温度的提高；第三方面，随着切削速度的提高，切削产生的热能分配到工件的部分会减小，这也不利于温度渗透深度的增加和最高温度的提高。综合以上三个方面的因素，存在最优的切削热、加热时间和热分配的组合，使工件的温度渗透深度和最高温度达到最大。由本次实验结果可以看到在切削速度为 120 m/min 时，工件内的最高温度和温度渗透深度是最大的。鉴于切削速度对切削温度影响的复杂性，需要更多的研究来揭示它们之间的关系。

随着进给量的增加，最高温度下降，这个趋势跟 O'Sullivan 等（2002）用热电偶实验获得的结果类似。但在最高温度随着进给量的增大而减小的同时，温度渗透深度反而增大，这改变了人们关于温度渗透深度的传统直觉认识，因为通常认为温度越高，温度渗透深度越大。造成这种现象的原因需要后续开展更多研究来解释。

温度渗透深度随着切深的增大而增大，而且最高温度也有增大的趋势。造成这种现象的原因是切深的增大带来切削力的增大后，相应使更多的机械能转化成热能，带来切削温度的升高，温度渗透深度也随之增大（图 2.15）。

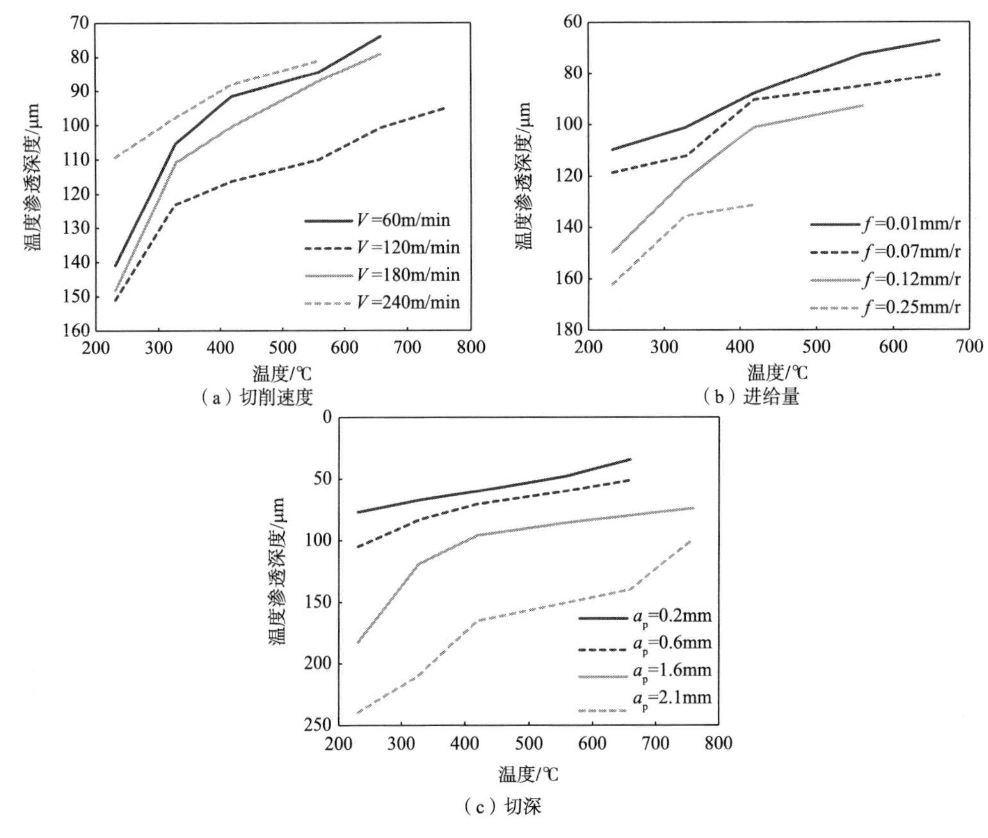

图 2.15　不同切削速度、进给量和切深下的温度渗透深度

2.2　切削过程工件表面层应力场模型

切削过程工件内的应力场是残余应力的直接源头，因此分析应力场是确保残余应力模型输入变量正确性的重要环节。目前应力场的计算是将机械应力和热应力进行叠加，其中机械应力采用接触力学中半无限大介质受载的应力模型，来源为剪切带和后刀面摩擦带产生的接触力，热应力采用的是基体表面不均匀受热的热应力模型，来源为剪切带和后刀面摩擦带产生的切削热。分析应力场是要分析应力等值线的拓扑，本书引入光弹性实验获得的应力等值线进行应力场的分析验证。

2.2.1 机械应力解析模型

剪切带和后刀面摩擦带产生的接触力采用滚动接触应力算法进行计算，虽然切削时刀具和工件存在相对滑动，不同于滚动接触的接触界面间无滑动的状态，但是是否存在相对滑动，在应力上只是静摩擦力和滑动摩擦力的区别，两者的区别在于是否产生摩擦热，若除去摩擦热，两者在应力的计算上无本质区别。因此，采用滚动接触的应力模型来计算切削的机械载荷是可行的。

按照接触应力的弹性半空间线载荷的应力模型，将剪切带上的外载荷分解成切削速度方向的分量 $p_{(s)}$ 和垂直于切削速度方向的分量 $q_{(s)}$，如图 2.16 所示，这两个分量作为计算接触应力时的外载荷，各方向的应力分量的计算用式（2.19）（Lazoglu et al., 2008）：

$$\begin{cases}\sigma_{xx}^{s\text{-mech}}=-\dfrac{2z}{\pi}\displaystyle\int_{-\mathrm{ar}}^{\mathrm{ar}}\dfrac{p_{(s)}(x-s)^2\mathrm{d}s}{\left[(x-s)^2+z^2\right]^2}-\dfrac{2}{\pi}\displaystyle\int_{-\mathrm{ar}}^{\mathrm{ar}}\dfrac{q_{(s)}(x-s)^3\mathrm{d}s}{\left[(x-s)^2+z^2\right]^2}\\ \sigma_{zz}^{s\text{-mech}}=-\dfrac{2z^3}{\pi}\displaystyle\int_{-\mathrm{ar}}^{\mathrm{ar}}\dfrac{p_{(s)}\mathrm{d}s}{\left[(x-s)^2+z^2\right]^2}-\dfrac{2z^2}{\pi}\displaystyle\int_{-\mathrm{ar}}^{\mathrm{ar}}\dfrac{q_{(s)}(x-s)\mathrm{d}s}{\left[(x-s)^2+z^2\right]^2}\\ \tau_{xz}^{s\text{-mech}}=-\dfrac{2z^2}{\pi}\displaystyle\int_{-\mathrm{ar}}^{\mathrm{ar}}\dfrac{p_{(s)}(x-s)\mathrm{d}s}{\left[(x-s)^2+z^2\right]^2}-\dfrac{2z}{\pi}\displaystyle\int_{-\mathrm{ar}}^{\mathrm{ar}}\dfrac{q_{(s)}(x-s)^2\mathrm{d}s}{\left[(x-s)^2+z^2\right]^2}\end{cases}\tag{2.19}$$

其中

$$\begin{cases}p_{(s)}=f_f\left(1-\dfrac{|s|}{C}\right)\\ q_{(s)}=f_v\left(1-\dfrac{|s|}{C}\right)\end{cases}\tag{2.20}$$

$$\frac{1}{R}=\frac{1}{R_t}+\frac{1}{R_w},\quad \frac{1}{E_R}=\frac{1}{E_t}+\frac{1}{E}\tag{2.21}$$

$$\mathrm{ar}=\sqrt{\frac{4PR}{\pi E_R}}\tag{2.22}$$

本书将该摩擦带产生的应力等效成后刀面磨损产生的应力，应力的计算沿用 Yan 等（2012a）的后刀面磨损的应力模型。图 2.17 为后刀面–工件摩擦带的应力分布示意图，后刀面–工件摩擦带产生的载荷应力被分解成切削速度方向的剪应力 $\tau_{r(s)}$ 和垂直于切削速度方向的正应力 $\sigma_{r(s)}$，将其作为载荷应力，在工件内产生的应力分量的计算仍然使用接触应力的算法，见式（2.23）：

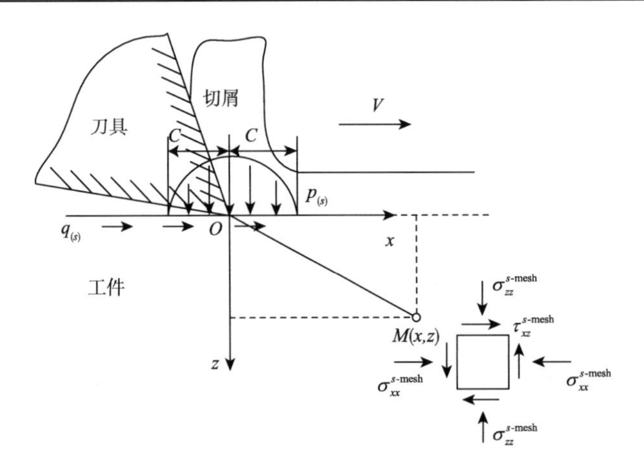

图 2.16　剪切带引起的机械应力

$$
\begin{cases}
\sigma_{xx}^{r\text{-mech}} = -\dfrac{2z}{\pi}\displaystyle\int_0^{\mathrm{VB}} \dfrac{\sigma_{r(s)}\cdot\left(x-s-\dfrac{\mathrm{VB}}{2}\right)^2 \mathrm{d}s}{\left[\left(x-s-\dfrac{\mathrm{VB}}{2}\right)^2+z^2\right]^2} - \dfrac{2}{\pi}\displaystyle\int_0^{\mathrm{VB}} \dfrac{\tau_{r(s)}\cdot\left(x-s-\dfrac{\mathrm{VB}}{2}\right)^3 \mathrm{d}s}{\left[\left(x-s-\dfrac{\mathrm{VB}}{2}\right)^2+z^2\right]^2} \\
\sigma_{zz}^{r\text{-mech}} = -\dfrac{2z^3}{\pi}\displaystyle\int_0^{\mathrm{VB}} \dfrac{\sigma_{r(s)}\mathrm{d}s}{\left[\left(x-s-\dfrac{\mathrm{VB}}{2}\right)^2+z^2\right]^2} - \dfrac{2z^2}{\pi}\displaystyle\int_0^{\mathrm{VB}} \dfrac{\tau_{r(s)}\cdot\left(x-s-\dfrac{\mathrm{VB}}{2}\right)\mathrm{d}s}{\left[\left(x-s-\dfrac{\mathrm{VB}}{2}\right)^2+z^2\right]^2} \\
\tau_{xz}^{r\text{-mech}} = -\dfrac{2z^2}{\pi}\displaystyle\int_0^{\mathrm{VB}} \dfrac{\sigma_{r(s)}\cdot\left(x-s-\dfrac{\mathrm{VB}}{2}\right)\mathrm{d}s}{\left[\left(x-s-\dfrac{\mathrm{VB}}{2}\right)^2+z^2\right]^2} - \dfrac{2z}{\pi}\displaystyle\int_0^{\mathrm{VB}} \dfrac{\tau_{r(s)}\cdot\left(x-s-\dfrac{\mathrm{VB}}{2}\right)^2 \mathrm{d}s}{\left[\left(x-s-\dfrac{\mathrm{VB}}{2}\right)^2+z^2\right]^2}
\end{cases}
\quad (2.23)
$$

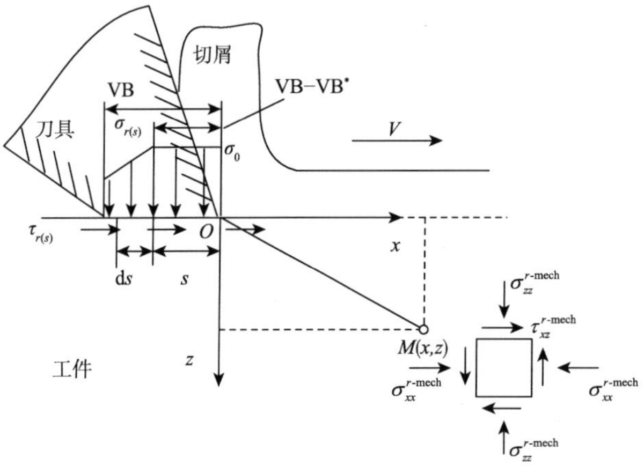

图 2.17　后刀面-工件摩擦带引起的机械应力

其中外载荷 $\tau_{r(s)}$ 和 $\sigma_{r(s)}$ 的计算使用了 Smithey 等（2001）的模型，如果 VB 值大于阈值 VB*，后刀面摩擦带产生的是弹性应力，即

$$\begin{cases} \sigma_{r(s)} = \sigma_0 \dfrac{\mathrm{VB} - s^2}{\mathrm{VB}}, & 0 < s < \mathrm{VB} \\ \tau_{r(s)} = \tau_0, & 0 < s < \mathrm{VB}\left(1 - \sqrt{\dfrac{\tau_0}{\sigma_0}}\right) \\ \tau_{r(s)} = \mu\sigma_{r(s)}, & \mathrm{VB}\left(1 - \sqrt{\dfrac{\tau_0}{\sigma_0}}\right) < s < \mathrm{VB} \end{cases} \tag{2.24}$$

式中：$\sigma_0 = k_f\left\{1 + \dfrac{\pi}{2} - 2\rho - 2(90° - \varphi) + 2\gamma + \sin\left[2\gamma - 2(90° - \varphi)\right]\right\}$；$\tau_0 = k_f \cos[2\gamma - 2(90° - \varphi)]$。其中，$\gamma = \eta_\mathrm{p} + (90° - \varphi) - \arcsin(\sqrt{2}\sin\rho\sin\eta_\mathrm{p})$，$\eta_\mathrm{p} = 0.5\arccos m_\mathrm{p}$，$k_f$ 为流动应力，m_p 为切削力的摩擦系数。

如果 VB 大于 VB*，后刀面摩擦带产生的是塑性应力，$\sigma_{r(s)}$ 和 $\tau_{r(s)}$ 定义为

$$\begin{cases} \sigma_{r(s)} = \sigma_0, & 0 < s \leqslant \mathrm{VB} - \mathrm{VB}^* \\ \sigma_{r(s)} = \sigma_0\left(\dfrac{\mathrm{VB} - s}{\mathrm{VB}^*}\right)^2, & \mathrm{VB} - \mathrm{VB}^* < s \leqslant \mathrm{VB} \\ \tau_{r(s)} = \tau_0, & 0 < s \leqslant \mathrm{VB} - \mathrm{VB}^* \times \sqrt{\dfrac{\tau_0}{\sigma_0}} \\ \tau_{r(s)} = \mu \cdot \sigma_{r(s)}, & \mathrm{VB} - \mathrm{VB}^* \times \sqrt{\dfrac{\tau_0}{\sigma_0}} < s \leqslant \mathrm{VB} \end{cases} \tag{2.25}$$

式中：$\sigma_0 = k_f\left[1 + \dfrac{\pi}{2} - 2\rho + 2\eta_\mathrm{w} + \sin(2\eta_\mathrm{w})\right]$；$\tau_0 = k_f\cos(2\eta_\mathrm{w})$，$\eta_\mathrm{w} = 0.5\arccos m_\mathrm{w}$，$m_\mathrm{w}$ 为后刀面与工件接触区产生的摩擦的滑移线场角。

2.2.2　热应力解析模型

温度场计算给出的等温线（图 2.9）显示，在约 120 μm 的深度以下，切削温度从表面数百摄氏度快速降低到常温，可见温度在工件内分布极度不均匀，变化梯度很大，由此会带来极端的热应力分布。因为切削温度影响层仅在约 120 μm 的深度内，对于整个工件材料而言该厚度仅相当于表面的一个薄层，所以热应力的计算可以沿用 Saif 等（1993）的基体表面不均匀温度分布的热应力解析模型，该模型被 Ulutan 等（2007）结合接触应力（Johnson，1987）的计算方法，引入切削热应力的计算中来，见式（2.26）：

$$\begin{cases}\sigma_{xx}^{\text{therm}}=-\dfrac{\alpha_0 E}{1-2\upsilon}\displaystyle\int_0^{\infty}\int_{-\infty}^{\infty}\left[G_{xh}\dfrac{\partial T_{M(x,z)}}{\partial x}(x',z')+G_{xv}\dfrac{\partial T_{M(x,z)}}{\partial z}(x',z')\right]\mathrm{d}x'\mathrm{d}z'\\ \qquad+\dfrac{2z}{\pi}\displaystyle\int_{-\infty}^{\infty}\dfrac{p(t)(t-x)^2}{\left[(t-x)^2+z^2\right]^2}\mathrm{d}t-\dfrac{\alpha E\cdot T_{M(x,z)}}{1-2\upsilon}\\ \sigma_{zz}^{\text{therm}}=-\dfrac{\alpha_0 E}{1-2\upsilon}\displaystyle\int_0^{\infty}\int_{-\infty}^{\infty}\left[G_{zh}\dfrac{\partial T_{M(x,z)}}{\partial x}(x',z')+G_{zv}\dfrac{\partial T_{M(x,z)}}{\partial z}(x',z')\right]\mathrm{d}x'\mathrm{d}z'\\ \qquad+\dfrac{2z^3}{\pi}\displaystyle\int_{-\infty}^{\infty}\dfrac{p(t)}{\left[(t-x)^2+z^2\right]^2}\mathrm{d}t-\dfrac{\alpha ET_{M(x,z)}}{1-2\upsilon}\\ \tau_{xz}^{\text{therm}}=-\dfrac{\alpha_0 E}{1-2\upsilon}\displaystyle\int_0^{\infty}\int_{-\infty}^{\infty}\left[G_{xzh}\dfrac{\partial T_{M(x,z)}}{\partial x}(x',z')+G_{xzv}\dfrac{\partial T_{M(x,z)}}{\partial z}(x',z')\right]\mathrm{d}x'\mathrm{d}z'\\ \qquad+\dfrac{2z^2}{\pi}\displaystyle\int_{-\infty}^{\infty}\dfrac{p(t)(x-t)}{\left[(t-x)^2+z^2\right]^2}\mathrm{d}t\end{cases}\tag{2.26}$$

式中：$p(t)=\dfrac{\alpha_0 ET_{M(x,z=0)}}{1-2\upsilon}$；$G_{xh}$、$G_{xv}$、$G_{zh}$、$G_{zv}$、$G_{xzh}$和$G_{xzv}$为平面应变状态下的格林函数，如$G_{xh}(x,z,x',z')$是单位点体载荷作用在点$(x',z')$上的沿 x 方向的正应力$\sigma_{xx}(x,z)$，$G_{xv}(x,z,x',z')$则是单位点体载荷作用在点(x',z')上的沿z方向的正应力$\sigma_{zz}(x,z)$。式（2.26）中工件内一点的温度$T_{M(x,z)}$为温度场模型计算出的切削温度。

热应力是切削应力中非常重要的组成部分。文献中在计算正交切削工件内的热应力时，使用 Komanduri 等（2000）的经典温度场模型来计算切削温度，而本书 2.1.2 小节指出了经典温度场模型的缺陷，由此用该模型来计算应力场势必会存在问题。改进后的温度场模型［式（2.15）］对热应力的计算会有怎样的改进，也需要讨论。后面将对基于这两种温度场模型计算的应力场进行对比分析（本书将基于 Komanduri 等的经典温度场模型的应力场模型称为改进前的应力场模型，而将基于改进后的温度场模型的应力场模型称为改进后的应力场模型）。

2.2.3　切削过程工件内的应力等值线及其验证

切削过程总的应力场等于机械应力和热应力的叠加。当应力小于工件材料的屈服强度时，材料发生弹性变形。在弹性变形的情况下，工件内一点$M(x,z)$的应力可由剪切带的应力、后刀面-工件的摩擦应力和热应力三部分叠加而成，即由式（2.19）、式（2.23）和式（2.26）相加而得，y方向的应力则由胡克定律算出，见式（2.27）（Ulutan et al.，2007）：

$$\begin{cases}\sigma_{xx}=\sigma_{xx}^{\text{el}}=\sigma_{xx}^{s-\text{mech}}+\sigma_{xx}^{r-\text{mech}}+\sigma_{xx}^{\text{therm}}\\ \sigma_{zz}=\sigma_{zz}^{\text{el}}=\sigma_{zz}^{s-\text{mech}}+\sigma_{zz}^{r-\text{mech}}+\sigma_{zz}^{\text{therm}}\\ \tau_{xz}=\tau_{xz}^{\text{el}}=\tau_{xz}^{s-\text{mech}}+\tau_{xz}^{r-\text{mech}}+\tau_{xz}^{\text{therm}}\\ \sigma_{yy}=\sigma_{yy}^{\text{el}}=\upsilon(\sigma_{xx}^{\text{el}}+\sigma_{zz}^{\text{el}})-\alpha ET_{M(x,z)}\end{cases}\tag{2.27}$$

式（2.27）不仅可用于材料屈服前应力的计算，在材料屈服后发生塑性强化，外载荷小于屈服极限时，仍可用来计算工件内的应力。

当加载应力大于工件材料的屈服强度时，材料发生屈服，但由于材料塑性强化的作用，可认为材料能克服外载荷的作用，因此，在加载方向上的应力分量仍等于加载应力，见式（2.28）（Ulutan et al.，2007）：

$$\sigma_{xx} = \sigma_{xx}^{\mathrm{el}}, \quad \sigma_{zz} = \sigma_{zz}^{\mathrm{el}}, \quad \tau_{xz} = \tau_{xz}^{\mathrm{el}} \tag{2.28}$$

而 y 方向的应力 σ_{yy} 的计算则要按照塑性力学的增量理论来进行，讨论如下。

工件材料假设为均匀介质和各向同性、等向强化率无关的材料，记屈服面为 f_{sur}，服从米泽斯（Mises）屈服判据的屈服面的方程为式（2.29），加载准则为式（2.30）。

$$f_{\mathrm{sur}} = J_2 - \frac{\sigma_s^2}{3} = 0 \tag{2.29}$$

$$\frac{\partial f_{\mathrm{sur}}}{\partial \sigma_{ij}} \mathrm{d}\sigma_{ij} > 0 \tag{2.30}$$

按照线性增量理论，应力增量和塑性应变增量的关系可表示为式（2.31）（Chen，2007）：

$$\mathrm{d}\varepsilon_{ij}^{\mathrm{p}} = \frac{1}{h} \frac{\partial f_{\mathrm{sur}}}{\partial \sigma_{ij}} \frac{\partial f_{\mathrm{sur}}}{\partial \sigma_{kl}} \mathrm{d}\sigma_{kl} \tag{2.31}$$

注意到对于等向强化的材料，Mises 屈服判据可表达为

$$f_{\mathrm{sur}} = \bar{\sigma} - k\left(\int \mathrm{d}\varepsilon^{\mathrm{p}}\right) = \sqrt{3J_2} - k\left(\int \mathrm{d}\varepsilon^{\mathrm{p}}\right) = 0$$

式中：$\bar{\sigma}$ 为应力；$\int \mathrm{d}\varepsilon^{\mathrm{p}}$ 为累积塑性应变；k 为硬化系数，其初始值为 $k(0) = \sigma_s$，于是 $\frac{\partial f_{\mathrm{sur}}}{\partial \sigma_{ij}} = \frac{\partial \bar{\sigma}}{\partial \sigma_{ij}} = \frac{\partial \sqrt{3J_2}}{\partial \sigma_{ij}} = \frac{\sqrt{3}}{2} \frac{1}{\sqrt{J_2}} S_{ij}$。所以式（2.31）中的 $\mathrm{d}\varepsilon_{ij}^{\mathrm{p}}$ 可表示为

$$\mathrm{d}\varepsilon_{ij}^{\mathrm{p}} = \frac{3}{4hJ_2} S_{ij} S_{kl} \mathrm{d}\sigma_{kl} \tag{2.32}$$

其中，塑性模量 h 的计算为

$$h = \frac{\mathrm{d}\sigma}{\mathrm{d}\varepsilon^{\mathrm{p}}} \tag{2.33}$$

在平面应变条件下，y 方向的应变增量 $\mathrm{d}\varepsilon_{yy}$ 为零：

$$\mathrm{d}\varepsilon_{yy} = \mathrm{d}\varepsilon_{yy}^{\mathrm{el}} + \mathrm{d}\varepsilon_{yy}^{\mathrm{therm}} + \mathrm{d}\varepsilon_{yy}^{\mathrm{p}} = 0 \tag{2.34}$$

其中

$$\begin{cases} \mathrm{d}\varepsilon_{yy}^{\mathrm{el}} = \dfrac{\mathrm{d}\sigma_{yy}}{E} - \dfrac{\upsilon}{E}(\mathrm{d}\sigma_{xx} + \mathrm{d}\sigma_{zz}) \\ \mathrm{d}\varepsilon_{yy}^{\mathrm{therm}} = \alpha_0 \mathrm{d}T_{M(x,z)} \\ \mathrm{d}\varepsilon_{yy}^{\mathrm{p}} = \dfrac{3}{4hJ_2}(S_{xx}S_{yy}\mathrm{d}\sigma_{xx} + S_{yy}S_{yy}\mathrm{d}\sigma_{yy} + S_{zz}S_{yy}\mathrm{d}\sigma_{zz} + 2S_{xz}S_{yy}\mathrm{d}\sigma_{xz}) \end{cases} \tag{2.35}$$

通过求解式（2.34）和式（2.35），可算出

$$\mathrm{d}\sigma_{yy} = \frac{1}{1+\dfrac{3E}{4hJ_2}S_{yy}S_{yy}}\left[\left(\upsilon-\frac{3E}{4hJ_2}S_{xx}S_{yy}\right)\mathrm{d}\sigma_{xx} + \left(\upsilon-\frac{3E}{4hJ_2}S_{zz}S_{yy}\right)\mathrm{d}\sigma_{zz} - \frac{3E}{2hJ_2}S_{xz}S_{yy}\mathrm{d}\sigma_{xz} - \alpha_0 E\mathrm{d}T\right] \quad (2.36)$$

由此，在发生塑性变形的情况下，y 方向的应力可由式（2.36）算出，其中应力分量增量 $\mathrm{d}\sigma_{xx}$、$\mathrm{d}\sigma_{zz}$ 和 $\mathrm{d}\sigma_{xz}$ 可按照弹性变形时的情况来计算，见式（2.27）。注意到由于塑性强化的作用，在材料发生屈服后，屈服极限会提高，因此，屈服极限在塑性变形后要更新为 $\sigma_s=\sqrt{3J_2}$。

为验证改进前和改进后的应力场模型，本书主要从两个方面展开工作：一是用改进前和改进后的应力场模型计算偏应力 S_{11}、S_{22}、S_{33} 和 S_{12} 的应力场，与现今的商业有限元软件 ABAQUS 模拟的偏应力场进行对比；二是用模型计算的主剪应力 $\tau_{\max}$ 的应力场和光弹性实验获得的主剪应力场进行对比。

首先，将改进前和改进后的应力场模型计算的偏应力与 ABAQUS 模拟的偏应力场进行对比。设置的切削条件如表 2.7 所示（其中剪切角和切削力由有限元仿真获得），工件材料为镍铝青铜合金，其部分物理属性如表 2.8 所示，与切削条件无关的输入变量如表 2.9 所示。

表 2.7　与切削条件有关的输入变量

切削条件序号	切削条件			输入变量		
	切削速度 V/（m/min）	切削厚度 t_c/ mm	切削宽度 w/ mm	剪切角 φ/（°）	F_c/N	F_t/N
1	80	0.11	5	25	960	300
2	120	0.16	5	23	1680	610

表 2.8　镍铝青铜合金部分物理属性

弹性模量 E/GPa	屈服强度 σ_s /MPa	比热容 c/[J/(kg ·℃)]	密度 ρ_0 /（kg/m³）	线膨胀系数 α_0 /（10^{-6}℃$^{-1}$）	熔点/℃
110	300	419	7280	12	1060

表 2.9　与切削条件无关的输入变量

摩擦系数 μ	前角 α /（°）	后角 γ /（°）	VB/ mm
0.22	17	8	0.04

注意偏应力分量 S_{11}、S_{22}、S_{33} 和 S_{12} 的计算如下：

$$S_{ij} = \begin{bmatrix} \sigma_{xx}-\sigma_0 & 0 & \tau_{xz} \\ 0 & \sigma_{yy}-\sigma_0 & 0 \\ \sigma_{xz} & 0 & \sigma_{zz}-\sigma_0 \end{bmatrix} \quad (2.37)$$

其中，$\sigma_0=\frac{1}{3}(\sigma_{xx}+\sigma_{yy}+\sigma_{zz})$，应力分量$\sigma_{xx}$、$\sigma_{yy}$、$\sigma_{zz}$和$\tau_{xz}$可由式（2.27）算得。

对于切削条件 1，ABAQUS、改进后的解析模型和改进前的解析模型算出的偏应力场分别如图 2.18~图 2.20 所示（注意解析模型计算的结果已转换在和 ABAQUS 相同的坐标系下）。由于切削过程的应力分布的复杂性，对这些计算结果的比较主要基于应力等值线的形状和工件内一点的应力在切削过程中随时间的变化趋势这两点来进行。ABAQUS 模拟出的偏应力等值线的形状特点是等值线在刀尖周围呈放射状分布，应力值在离刀尖近的地方较大，远的地方逐渐减小，而且应力等值线分布在有限的区域内（“有限的区域”是指绝大部分等值线是闭环的，而且随着与刀尖距离的增大，应力值会减小到接近零）。ABAQUS 模拟的这些特征在改进后的解析模型的计算结果里也得到了体现，如图 2.19 所示，应力等值线围绕着刀尖前的辐射中心呈放射状分布，靠近辐射中心的应力值和应力变化梯度较大，远离辐射中心的较小。而改进前的解析模型的计算结果（图 2.20）显示，剪应力S_{12}的等值线不是闭合的，刀尖后方的等值线延伸向无穷远处，这个特征和 ABAQUS 的模拟结果明显不一致。

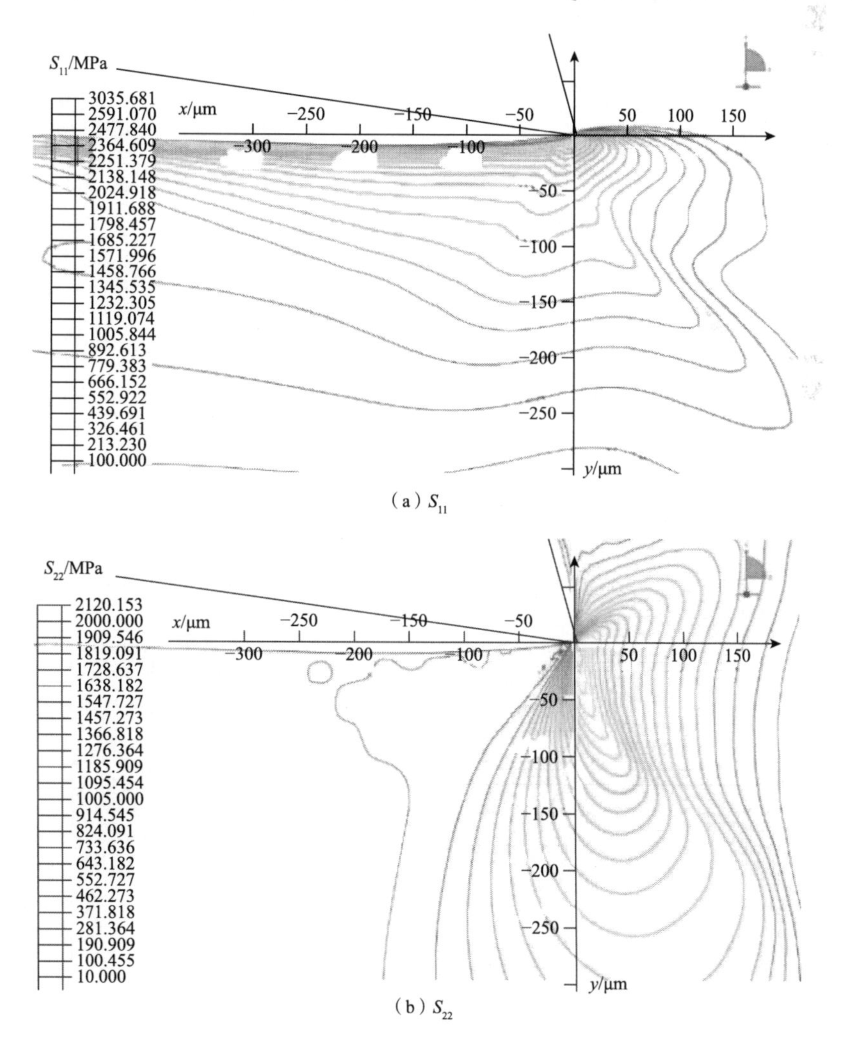

（a）S_{11}

（b）S_{22}

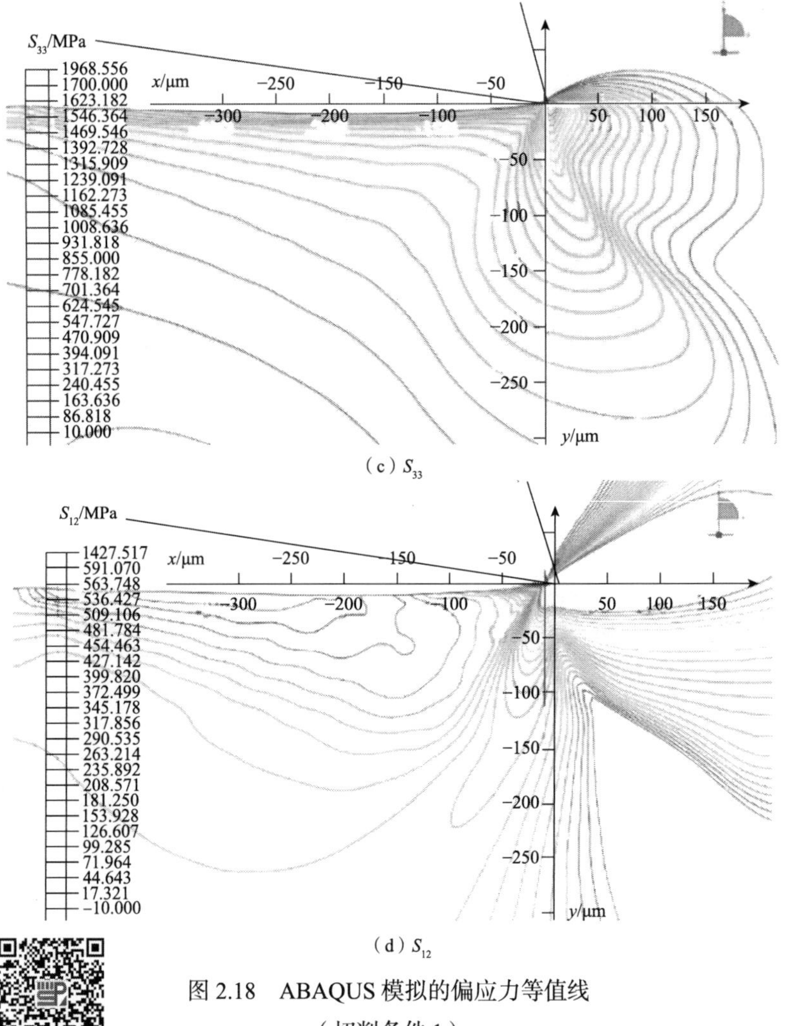

（c）S_{33}

（d）S_{12}

图 2.18　ABAQUS 模拟的偏应力等值线
（切削条件 1）

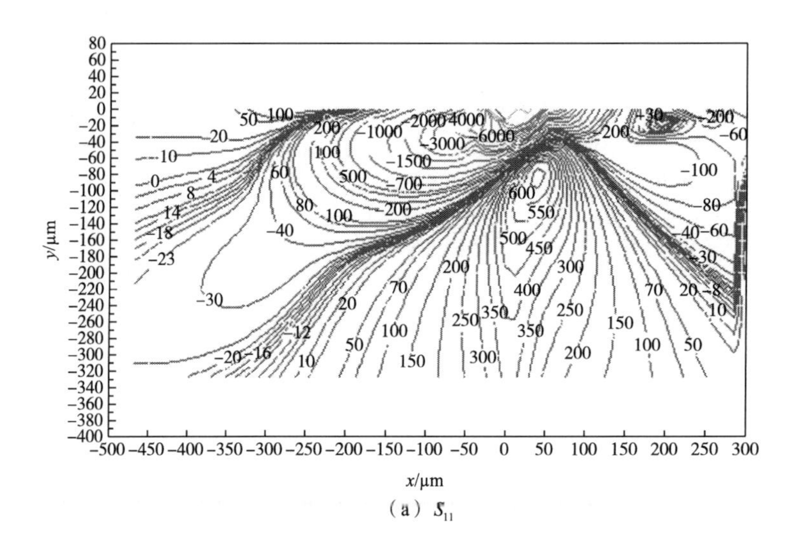

（a）S_{11}

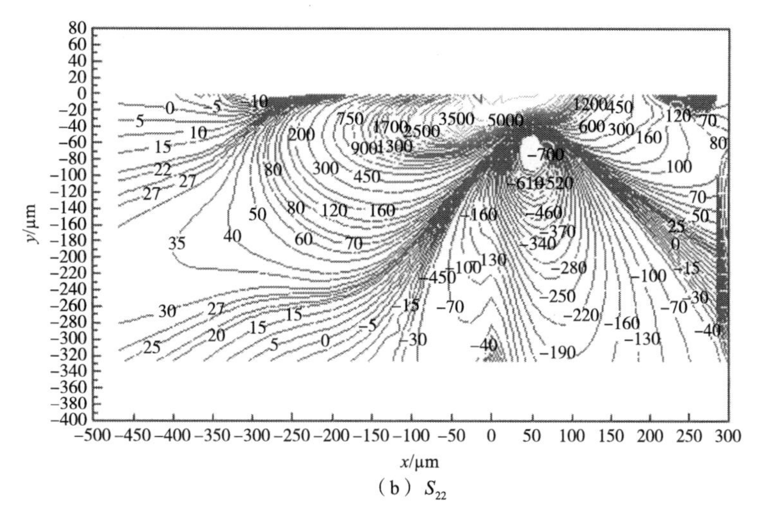

（b）S_{22}

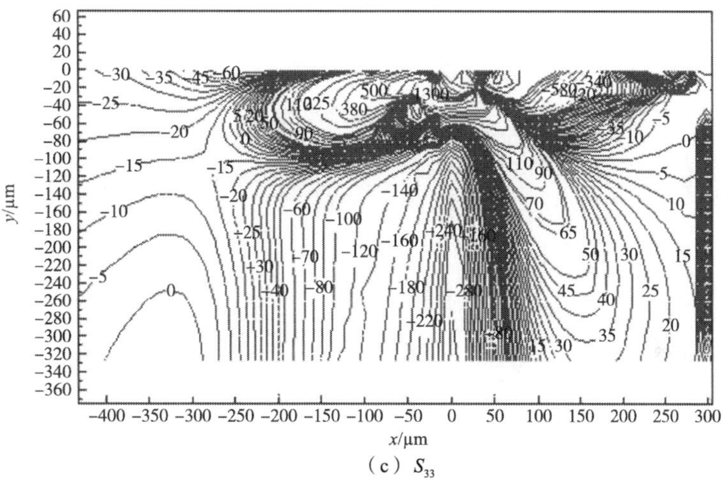

（c）S_{33}

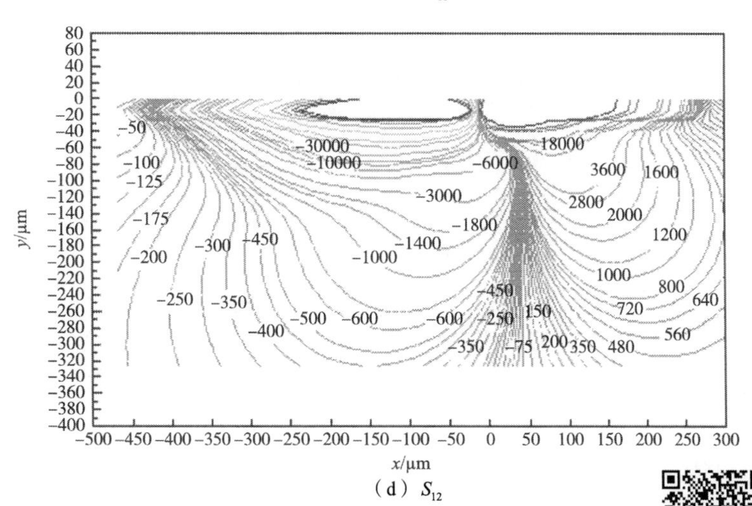

（d）S_{12}

图 2.19　改进后的解析模型计算的偏应力等值线

（单位：MPa，切削条件 1）

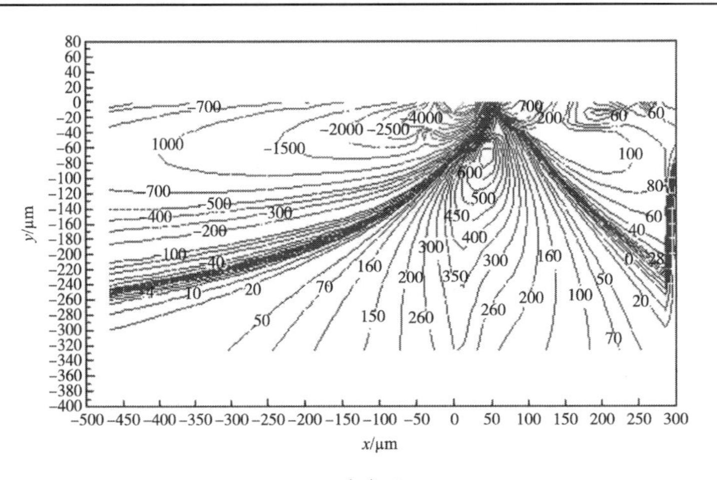

（a） S_{11}

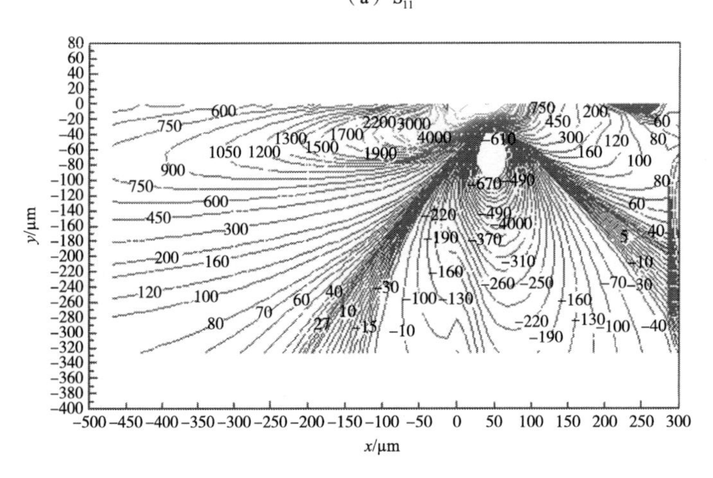

（b） S_{22}

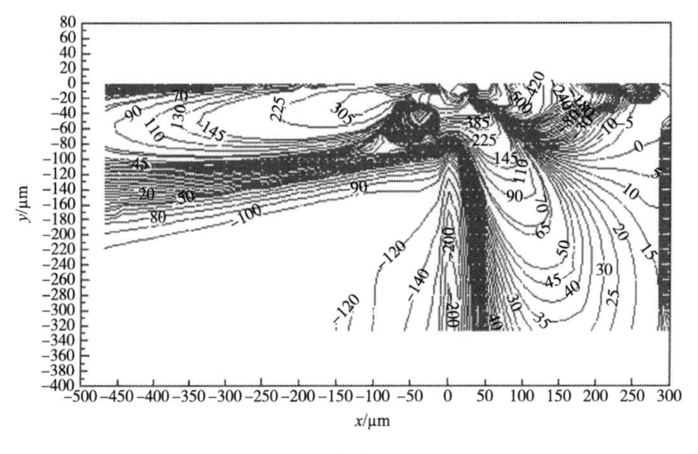

（c） S_{33}

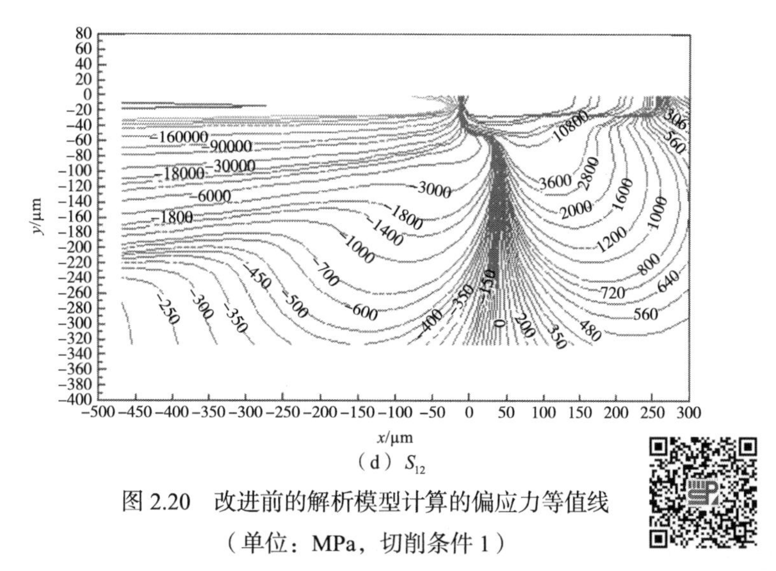

（d）S_{12}

图 2.20　改进前的解析模型计算的偏应力等值线
（单位：MPa，切削条件 1）

改进前的解析模型获得的分布在无限大区域的应力场与常规经验的认识相背离，因为在加工时刀具和工件的接触区局限在有限的范围内，通过这样有限的接触区对工件施加的作用也会限制在有限的区域内，类似于 2.1.4 小节对温度场的分析中体现出的切削温度分布空间区域的有限性。有限分布的应力场会使工件表面层下某一深度位置的一点的应力值，在切削时随着刀具的靠近和远离经历着增大和减小的变化，当切削过后刀具远离该点达到一定程度时，刀具的作用会消失，应力会接近于零。为研究这个现象，对以上模型计算的工件内一定深度下（此处取 100 μm 的深度）一点的偏应力随时间的变化进行了比较，如图 2.21~图 2.23 所示。ABAQUS 的计算结果（图 2.21）表明一点的应力值在切削过程中随着刀尖的靠近而变大，当刀尖逐渐远离时，应力值也渐渐变小直至零。这一变化趋势在改进后的解析模型的计算结果（图 2.23）中也得到了体现，应力值随着刀尖的靠近逐渐增大到一定值，刀具远离后应力值逐渐下降至零。但改进前的解析模型的计算结果则显示偏应力 S_{12} 的应力值没有下降的趋势，随着刀尖的远离应力值没有下降至零，反而不断增大，这和 ABAQUS 的计算结果明显不符合，也和常规经验不符合。

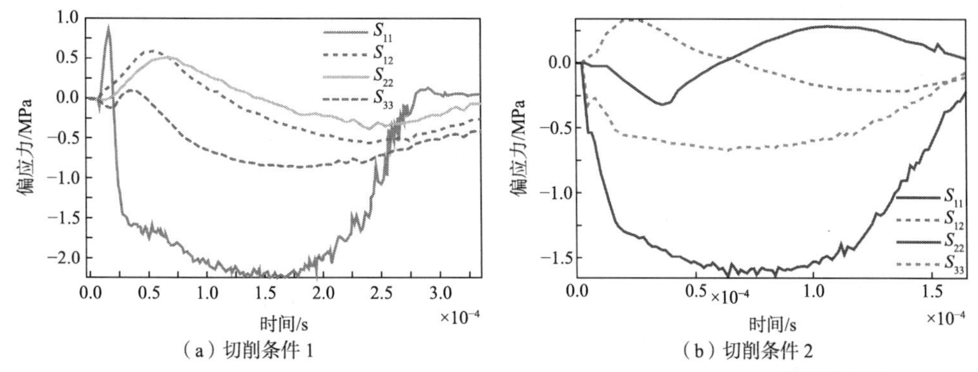

（a）切削条件 1　　（b）切削条件 2

图 2.21　ABAQUS 计算的工件内 100 μm 深度
下一点的偏应力随时间的变化

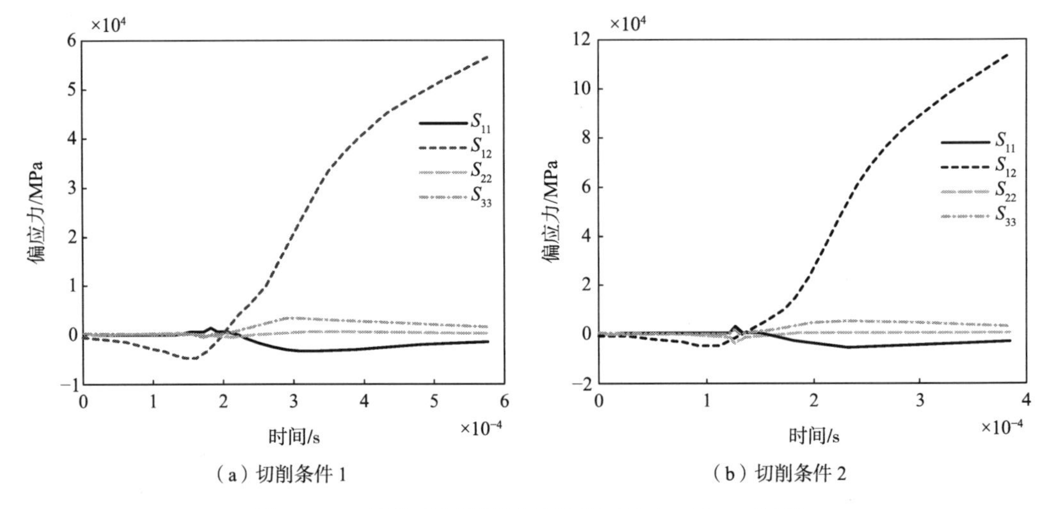

（a）切削条件 1　　（b）切削条件 2

图 2.22　改进前的解析模型计算的工件内 100 μm 深度下一点的偏应力随时间的变化

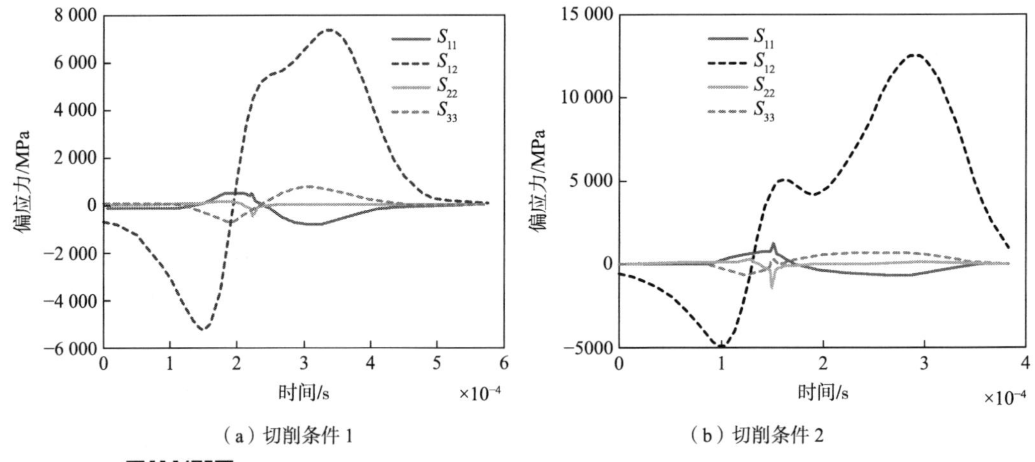

（a）切削条件 1　　（b）切削条件 2

图 2.23　改进后的解析模型计算的工件内 100 μm 深度下一点的偏应力随时间的变化

注意本书在计算应力时不是将工件材料假设为理想的弹塑性材料，而是假设为塑性硬化材料，该假设使材料总是能抵抗加载应力，所以部分计算的应力幅值会偏大，这体现在图 2.19 和图 2.20 的计算结果中，但其不影响应力等值线的拓扑，所以也不影响本书对应力等值线的拓扑形状和应力随时间变化趋势的讨论及所得的结论。

为从实验上验证应力场模型，引入光弹性实验进行验证。光弹性实验是目前唯一的一种能观察物体中应力分布的实验方法，该实验依赖于一些特殊材料（如聚碳酸酯）的双折射现象，当这些材料内部有不均匀的应力分布时，在偏振光下会显示出光的干涉条纹图案，包括等色线和等倾线条纹，其中的等色线图案等效于主剪应力的等值线，从而从视觉上显示出应力等值线的分布，可用丁和模型计算的应力等值线的比较。

Ramalingam 等（1971）用光弹性实验研究了切削加工工件内的应力场的分布，获得了不同切削速度、切削深度和刀具前角对应力场的影响趋势。图 2.24 为不同切削深度下工件内的等色线的图案，反映的是主剪应力的等值线分布。这些图案的形状显示主剪应力围绕着刀尖前方的两个辐射中心呈放射状分布，靠近刀尖部分的等值线的间距较小，远离刀尖的等值线间距则较大，而且这两个呈放射状分布的等色线的条纹可用其公切线分开。

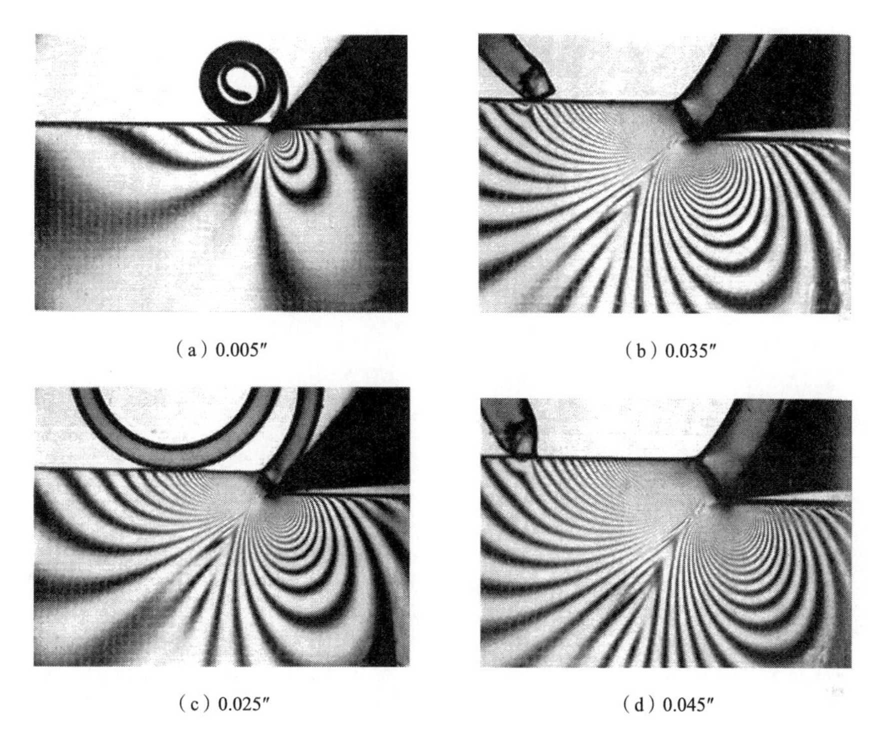

（a）0.005″　（b）0.035″

（c）0.025″　（d）0.045″

图 2.24　不同切削深度下的工件内的等色线图案（Ramalingam et al.，1971）

为用光弹性实验验证应力场的解析模型，改进前后的解析模型分别在和图 2.24 相同的切削条件下进行仿真。工件材料为聚碳酸酯，相关物理性质如表 2.10 所示，与切削条件无关的输入变量如表 2.11 所示，与切削条件有关的输入变量如表 2.12 所示，其中切削力和剪切角用有限元仿真获得。

表 2.10　聚碳酸酯的相关物理性质

弹性模量 E/GPa	屈服极限 σ_s/MPa	热导率 λ/[W/(m·℃)]	密度 ρ_0/(kg/m^3)	比热容 c/[J/(kg·℃)]	线膨胀系数 α_0/(10^{-5}℃$^{-1}$)
0.9	60	0.2	980	1170	7

表 2.11　与切削条件无关的输入变量

摩擦系数 μ	刀具前角 α/(°)	VB/ mm
0.6	30	0.04

表 2.12　与切削条件有关的输入变量

切削条件序号	切削条件			输入变量		
	切削速度 V/(m/min)	切削深度 t_c / mm	切削宽度 w/ mm	剪切角 φ/ (°)	F_c /N	F_t /N
1	0.762	0.1270	4.7498	51	10	3
2	0.762	0.6350	4.7498	59	35	6
3	0.762	0.8890	4.7498	57	46	8
4	0.762	1.1143	4.7498	56	56	10

主剪应力可由式（2.38）计算：

$$\tau_{\max} = \frac{\sigma_1 - \sigma_3}{2} \tag{2.38}$$

其中，主应力 σ_1 和 σ_3 可由式（2.27）算出的应力分量 σ_{ij} 算得。

改进后的解析模型计算出的不同切削深度条件下主剪应力的等值线如图 2.25 所示，等值线围绕着刀尖附近的两个辐射中心呈放射状分布，并且这两个辐射源的等值线可以用其公切线分成两部分。为便于讨论模型和实验结果，取切削深度 0.889 mm 条件下的等值线来分析，如图 2.26 所示，光弹性实验获得的主剪应力等值线［图 2.26（a）］和改进后的解析模型计算的等值线［图 2.26（b）］的公切线可以清晰地被辨别出来。公切线将应力场分为两部分，刀尖前方称为区域 1，刀尖后方称为区域 2。改进后的解析模型显示计算的应力值和应力梯度在靠近辐射中心的地方较大，远离辐射中心则较小，并且区域 2 的应力等值线是闭环的［图 2.26（b）］。由光弹性实验获得的应力等值线［图 2.26（a）］显示区域 2 的等值线也呈闭环状态，并且相邻等色线的间距在靠近辐射中心的地方较小，远离辐射中心的地方较大。注意在光弹性实验中，等色线到刀尖的距离等效于应力值的大小（靠近刀尖的等色线代表应力值较大，远离刀尖则较小），等色线的间距等效于应力梯度（等色线间距小则表明应力梯度大，间距大则表明应力梯度小），因此，改进后的解析模型计算的主剪应力等值线的分布趋势和光弹性实验结果是一致的。

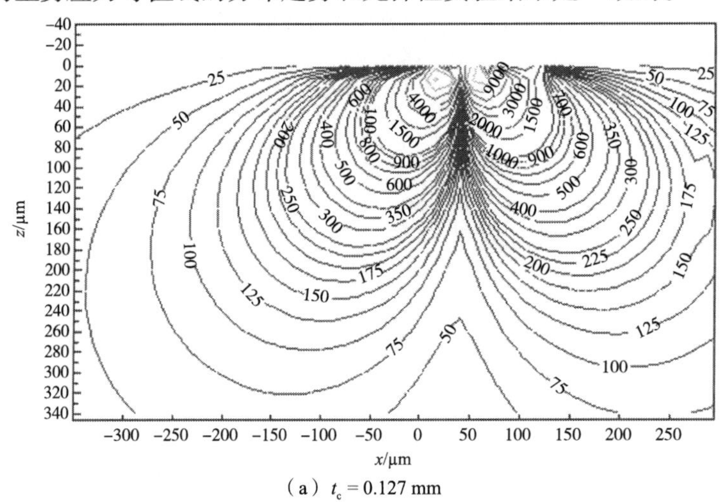

（a）t_c = 0.127 mm

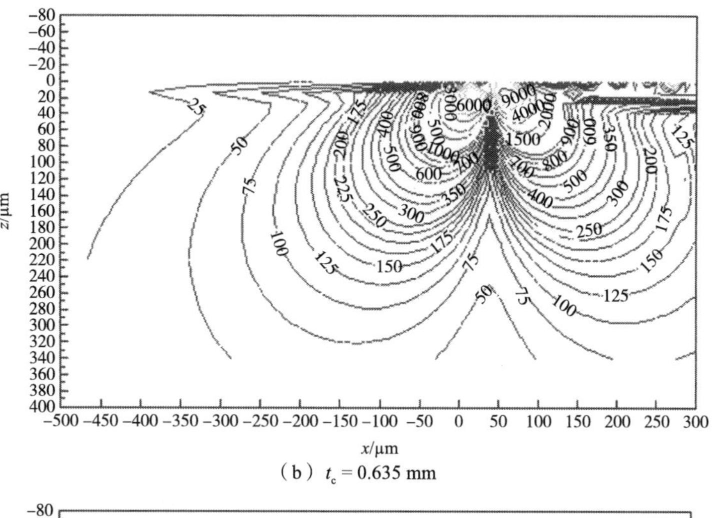

（b） $t_c = 0.635$ mm

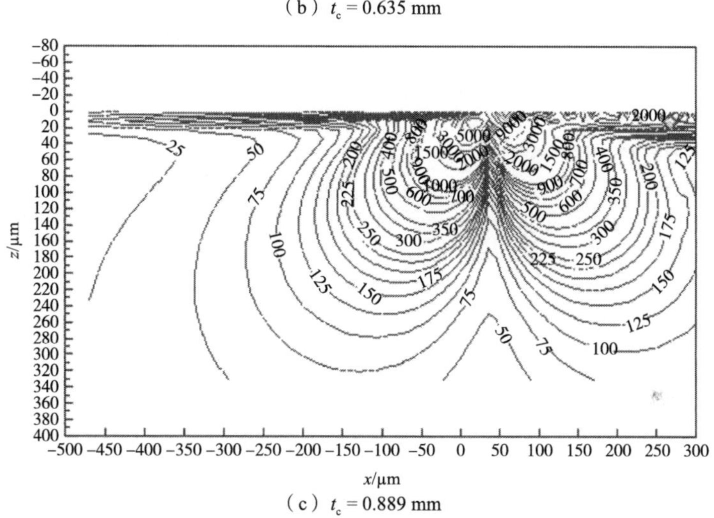

（c） $t_c = 0.889$ mm

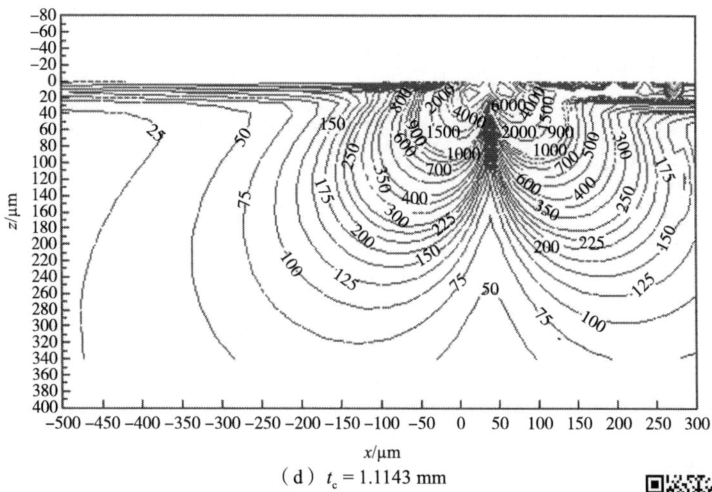

（d） $t_c = 1.1143$ mm

图 2.25　改进后的解析模型计算的不同切削深度条件下主剪应力的等值线

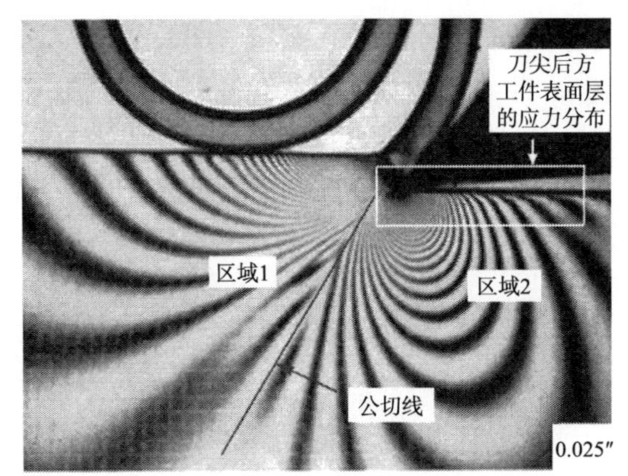

（a）光弹性实验

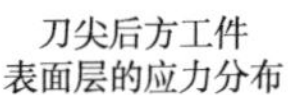

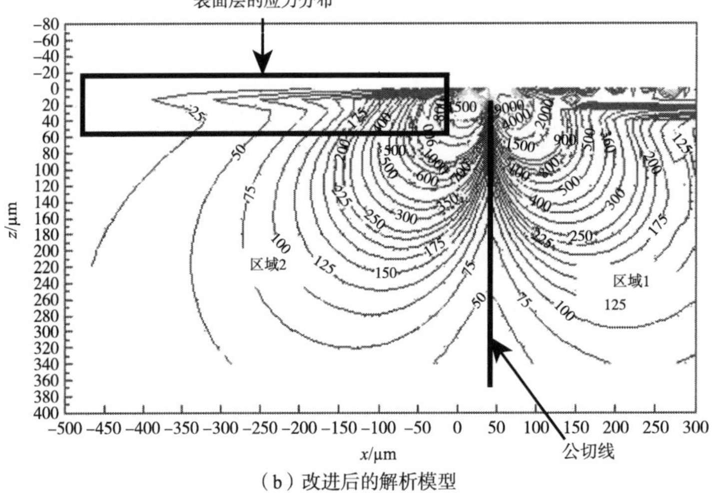

（b）改进后的解析模型

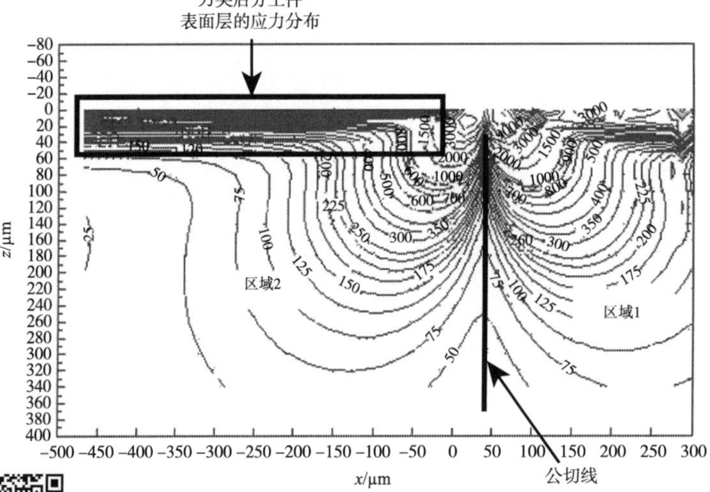

（c）改进前的解析模型

图 2.26　主剪应力等值线的分解（切削深度 0.889 mm 的条件下）

改进前的解析模型计算的等值线也可以用一条公切线分为两个区域，如图 2.26（c）所示，但区域 2 靠近工件表面的应力等值线不收敛，图 2.26（c）中可以看到该处的等值线一直向刀尖后方延伸，这与光弹性实验获得的结果不符合。其他切削深度下的计算结果也有一样的趋势，如图 2.27 所示。不收敛的应力等值线说明工件内一点的应力在切削过程中随着刀具的远离不下降，这与常规经验不符合。本书认为，区域 2 的应力状态是特别值得注意的，因为 Jiang 等（1994）的研究表明，在残余应力的解析模型中，该区域的应力值要作为输入变量来计算残余应力，因此，该区域应力值计算的正确性直接关系到残余应力计算的正确性。改进前的解析模型计算的应力场与实验不符，因此，基于该模型计算的残余应力是不准确的。

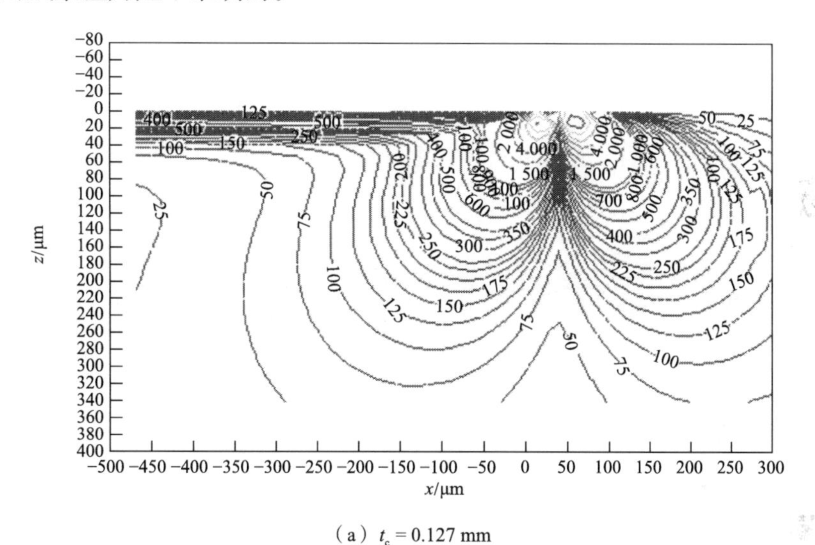

（a）$t_c = 0.127$ mm

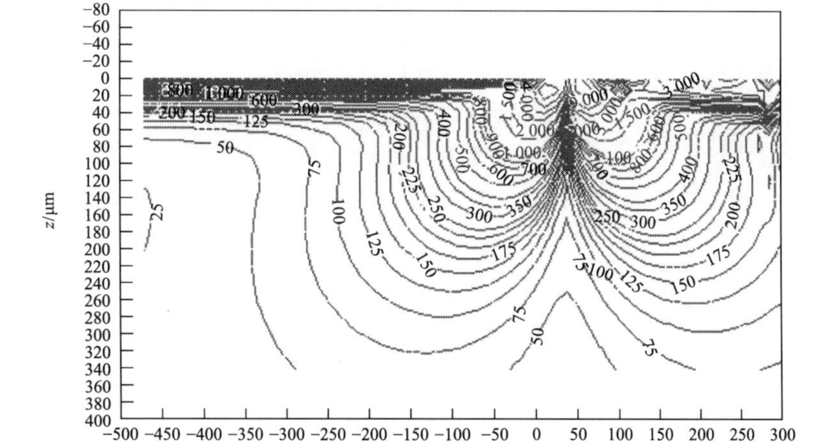

（b）$t_c = 0.635$ mm

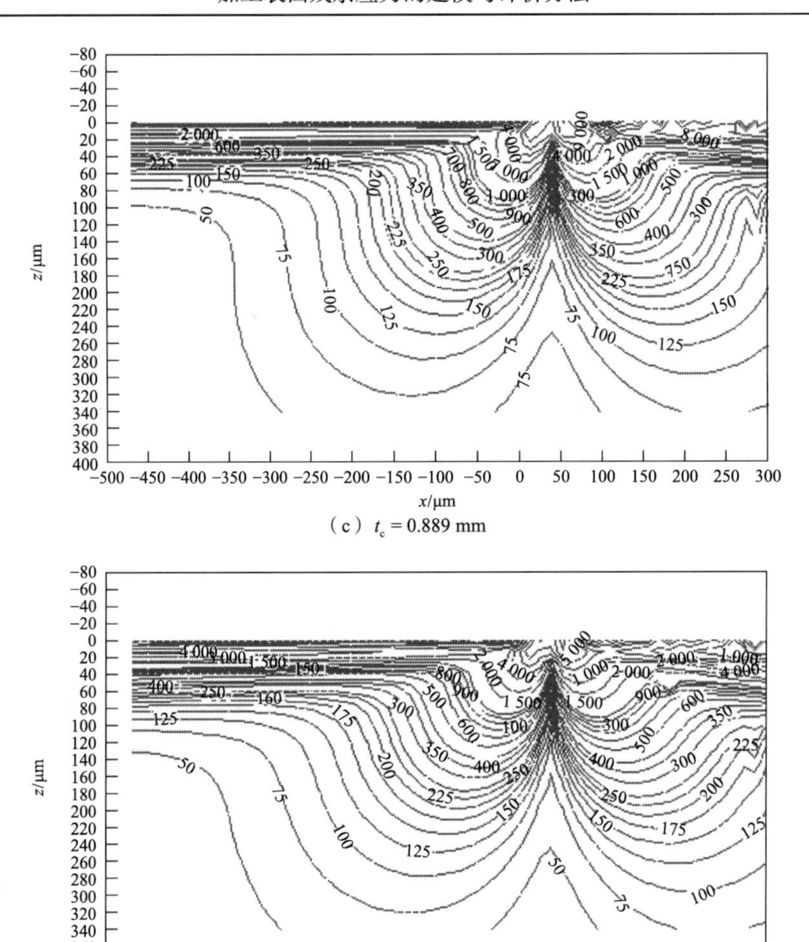

（c） $t_c = 0.889$ mm

（d） $t_c = 1.1143$ mm

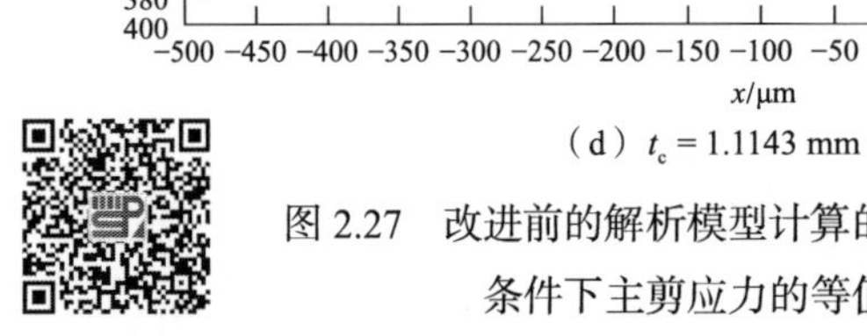

图 2.27　改进前的解析模型计算的不同切削深度条件下主剪应力的等值线

2.3　已加工表面层残余应力模型

建立切削过程应力场解析模型后，可以进行残余应力的解析建模。残余应力解析建模的实质是将加载过程边界条件被破坏的情况进行卸载，以恢复边界条件，在恢复边界条件的过程中新生成的应力为残余应力。释放的方程组由边界条件推导得到。

2.3.1　应力释放的边界条件

对于正交切削模型，应力释放的边界条件采用的是滚动接触的边界条件（Johnson，1987）（坐标系和图 2.16 的坐标系一样）：

$$\begin{cases}\sigma_{xx}^r = f_1(z), \sigma_{yy}^r = f_2(z), \varepsilon_{zz}^r = f_3(z), \varepsilon_{xz}^r = f_4(z) \\ \sigma_{zz}^r = \sigma_{xz}^r = \sigma_{xy}^r = \sigma_{zy}^r = 0, \varepsilon_{xx}^r = \varepsilon_{yy}^r = \varepsilon_{xy}^r = \varepsilon_{zy}^r = 0\end{cases} \tag{2.39}$$

该边界条件方程是二维应变状态下的滚动接触时工件内的残余应力和残余应变应满足的边界条件，说明了滚动接触过后各应力、应变分量在空间方向上应该满足的条件，式（2.39）的边界条件方程说明 x、y 方向的应力和 z、xz 方向的应变都是 z 方向的函数，而其他方向的应力、应变则为零。正交切削沿用了滚动接触的该边界条件，是由于切削时的载荷也用滚动接触的力学原理计算，而且切削时刀具和工件相对滑动只是将静摩擦力变成滑动摩擦力，不影响应力等值线的拓扑。Jiang 等（1994）在进行滚动接触的残余应力解析建模时，发现用接触应力模型计算的应力、应变分量 ε_{xx}、σ_{zz} 和 σ_{xz} 在滚动过后不为零，即不满足式（2.39）的边界条件方程。为满足该边界条件方程，他们将这些应力、应变分量设为 ε_{xx}^f、σ_{zz}^f 和 σ_{xz}^f，其增量设为

$$\mathrm{d}\varepsilon_{xx} = \frac{\varepsilon_{xx}^f}{M}, \quad \mathrm{d}\sigma_{zz} = \frac{\sigma_{zz}^f}{M}, \quad \mathrm{d}\sigma_{xz} = \frac{\sigma_{xz}^f}{M} \tag{2.40}$$

然后设置应力释放过程：①对于在计算应力场的时候只发生弹性变形的点，则用平面应变条件下的胡克定律计算 x 和 y 方向的应力分量 $\mathrm{d}\sigma_{xx}$ 和 $\mathrm{d}\sigma_{yy}$；②若在计算应力场时某点发生了塑性变形，则用式（2.41）和式（2.42）（这两个方程称为应力释放方程）求解其中的 $\mathrm{d}\sigma_{xx}$ 和 $\mathrm{d}\sigma_{yy}$。在经过 M 步的递减过后，之前不满足边界条件的非零的应力、应变分量 ε_{xx}、σ_{zz} 和 σ_{xz} 就减小为零了，由此就满足了平面应变的边界条件方程，将 M 步释放求解出的 $\mathrm{d}\sigma_{xx}$ 和 $\mathrm{d}\sigma_{yy}$ 进行求和就得到 x 和 y 方向的残余应力 σ_{xx}^r 和 σ_{yy}^r。该应力释放过程也是残余应力求解的过程［实际上应力释放方程式（2.41）和式（2.42）由边界条件方程推导得来］。

$$\begin{aligned}&\left(\frac{9}{4h\sigma_s^2}S_{xx}S_{yy} - \frac{\upsilon}{E}\right)\mathrm{d}\sigma_{xx} + \left(\frac{9}{4h\sigma_s^2}S_{yy}S_{yy} + \frac{1}{E}\right)\mathrm{d}\sigma_{yy} \\ &+ \left(\frac{9}{4h\sigma_s^2}S_{zz}S_{yy} - \frac{\upsilon}{E}\right)\mathrm{d}\sigma_{zz} + \left(\frac{9}{2h\sigma_s^2}S_{xz}S_{yy}\right)\mathrm{d}\sigma_{xz} = \mathrm{d}\varepsilon_{yy} = 0\end{aligned} \tag{2.41}$$

$$\begin{aligned}&\left(\frac{9}{4h\sigma_s^2}S_{xx}S_{xx} + 1\right)\mathrm{d}\sigma_{xx} + \left(\frac{9}{4h\sigma_s^2}S_{yy}S_{xx} - \frac{\upsilon}{E}\right)\mathrm{d}\sigma_{yy} \\ &+ \left(\frac{9}{4h\sigma_s^2}S_{zz}S_{xx} - \frac{\upsilon}{E}\right)\mathrm{d}\sigma_{zz} + \left(\frac{9}{2h\sigma_s^2}S_{xz}S_{yy}\right)\mathrm{d}\sigma_{xz} = \mathrm{d}\varepsilon_{xx}\end{aligned} \tag{2.42}$$

在理论上计算卸载时的应力释放的实质，是在卸载中将加载情况下应力、应变边界条件被破坏的情况给予修正，直至符合边界条件。例如，在切削加载情况下式（2.39）中的应力和弹塑性应变分量为零的情况是不满足的，但在切削结束后，即卸载后，这些应力和弹塑性应变分量按照平面应力、应变的条件又必须为零，所以，在卸载中就要加入边界条件来约束加载时的应力、应变，将不满足边界条件的非零的应力、应变逐步减小至零，每次减小量为 $\mathrm{d}\varepsilon_{xx}$、$\mathrm{d}\sigma_{zz}$ 和 $\mathrm{d}\sigma_{xz}$［式（2.40）］，而这些应力、应变的减小带来的相关应力、应变的变化也要满足边界条件，即满足式（2.41）和式（2.42），这两个式子中的偏应力 S_{ij} 为加载的偏应力，有两个未知量 $\mathrm{d}\sigma_{xx}$ 和 $\mathrm{d}\sigma_{yy}$，为新生成的应力微分量，可通过求解式（2.41）

和式（2.42）得到。经过 M 次减小后，应力、应变分量 ε_{xx} 、 σ_{zz} 和 σ_{xz} 就变为零，满足了边界条件，同时新生成的应力微分量 $\mathrm{d}\sigma_{xx}$ 、 $\mathrm{d}\sigma_{yy}$ 的和分别为 x、y 方向的残余应力。之所以要将应力、应变分量分 M 次减小，是因为要让 $\mathrm{d}\sigma_{xx}$ 和 $\mathrm{d}\sigma_{yy}$ 的计算更精确。

2.3.2　应力释放的初始条件

目前文献中关于正交切削加工残余应力的算法都是基于以上滚动接触的残余应力模型，其中切削应力的计算用 2.2 节讨论的应力场模型，边界条件方程和式（2.39）一样，应力释放方程和式（2.41）、式（2.42）一样。

然而，Jiang 等（1994）在提出滚动接触残余应力模型时，没有说明微分方程式（2.41）和式（2.42）的初始条件如何确定，即没有说明应力输入变量 S_{xx} 、 S_{yy} 、 S_{zz} 和 S_{xz} 如何确定。在 2.2 节应力场的分析中讨论到工件内某一点的应力是随着时间变化的（图 2.21 和图 2.23），即应力输入变量 S_{xx} 、 S_{yy} 、 S_{zz} 和 S_{xz} 是随时间变化的，在微分方程式（2.41）和式（2.42）中涉及了时间相关的量，所以要使方程有定解，必须同时具备边界条件和初始条件。但 Jiang 等没有给出初始条件，由此将会导致方程没有定解，残余应力的计算将产生不确定性结果。取 2.2 节讨论的应力场模型计算的应力场来分析，如图 2.28 所示，距刀尖不同距离的 A、B、C 和 D 位置处对应的应力值不一样，即初始条件不一样，在用这几个不同的初始条件计算应力释放时，就需要将相应位置的应力值作为输入变量计算残余应力，计算结果也将不一样，如图 2.29 所示。图中可见，这四个应力释放位置计算的残余应力曲线的形状大致一样，都是表面残余应力幅值随着深度增加逐渐增大到最大残余压应力，然后逐渐减小至零值。但不同位置计算的残余应力的幅值差别很大。由此说明，文献中没有说明在计算残余应力时如何确定应力的初始条件，使残余应力计算结果产生不确定性。

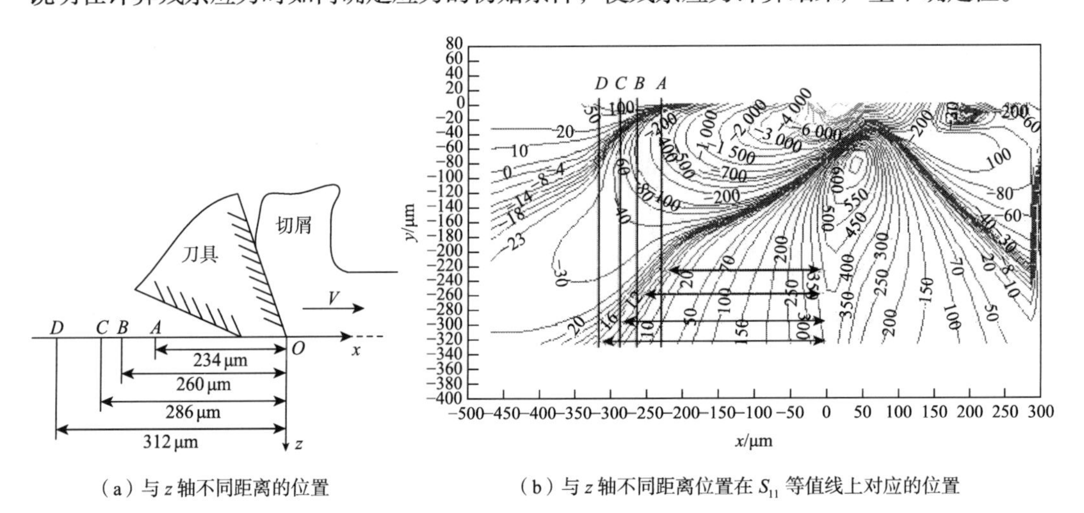

（a）与 z 轴不同距离的位置　　（b）与 z 轴不同距离位置在 S_{11} 等值线上对应的位置

图 2.28　已加工表面上与刀尖不同距离位置示意图

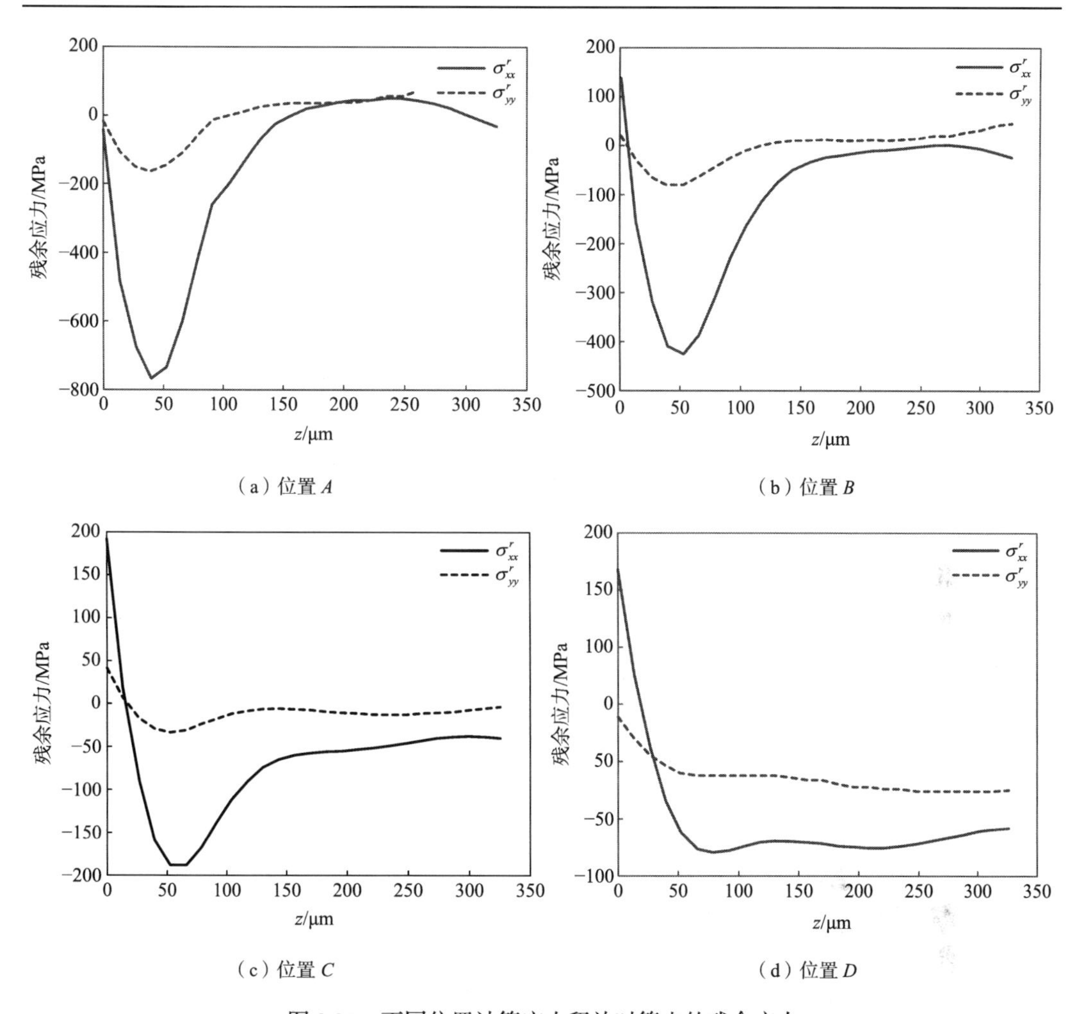

（a）位置 *A*　（b）位置 *B*

（c）位置 *C*　（d）位置 *D*

图 2.29　不同位置计算应力释放时算出的残余应力

此外，2.2 节提到应力场作为残余应力的直接源头，对残余应力的形成有直接影响，在用应力场来计算残余应力前，应首先对其进行详细的分析论证，确保与实验符合才能用来计算残余应力，而目前文献中均没有做到这一点，这也是文献中残余应力建模工作的不严谨之处。

总结以上文献中残余应力建模存在的两大问题：缺少初始条件的问题和使用未经验证的应力场模型来计算残余应力的问题。本书要进行的残余应力建模基于 2.2 节讨论的已经经过实验验证的应力场模型，所以解决了应力场的问题。注意在 2.2 节分析应力场时提到，随着切削过后刀尖的远离，工件内一点的应力会逐渐降低至零，这时假设工件内不形成残余应力，应力场和残余应力的计算是分开进行的。

为判定初始条件，本书作者提出如下判据：先通过实验测量出表面残余应力值，再将该测量值与距离刀尖不同位置计算的表面的残余应力进行对比（朝远离刀尖的方向逐一对比），若两者较接近，说明该位置处的应力值可以作为初始条件。下面对该准则进行详细介绍。

图 2.29 中的残余应力计算结果表明：距离刀尖较近的位置计算出的残余应力曲线幅值较大；反之，距离刀尖较远的位置计算的残余应力幅值较小；当与刀尖的距离合

适时，计算的残余应力曲线与实验测量的曲线较符合。由此可以看出，到刀尖的距离与残余应力幅值存在着一定关系。为具体分析残余应力与距离的对应关系，将表面上与 z 轴不同距离的点的残余应力计算出来，如图 2.30 所示。图 2.30（b）中给出了计算的残余应力沿 x 轴的分布，注意到距离刀尖过近的位置的残余应力没有给出来，因为这些位置出现应力集中，导致残余应力计算结果过大，干扰图线的显示，将这部分计算结果去除不影响后面所得的结论。注意图 2.30 中计算 x 方向的残余应力与应力释放位置并不是一一对应关系，同一个应力值可能对应两个释放位置。对于如何选定释放位置，本书作者认为，残余应力由切削过程的应力演变而来，因此，用测量的残余应力与计算的残余应力进行对比来判定初始条件，应该遵从应力演变的途径，即向远离刀尖的方向逐一比较各点（朝 x 轴负方向逐一比较，避开刀尖附近的应力集中区），若首次遇到某一值与测量值一致，则该点为初始条件所在的位置。作者观察到，对于不同切削条件下算出的残余应力曲线均存在一个唯一的峰值，如图 2.30（b）中在 −300~−250 μm 的位置就存在一个峰值，粗略情况下可将该处作为初始条件的位置。

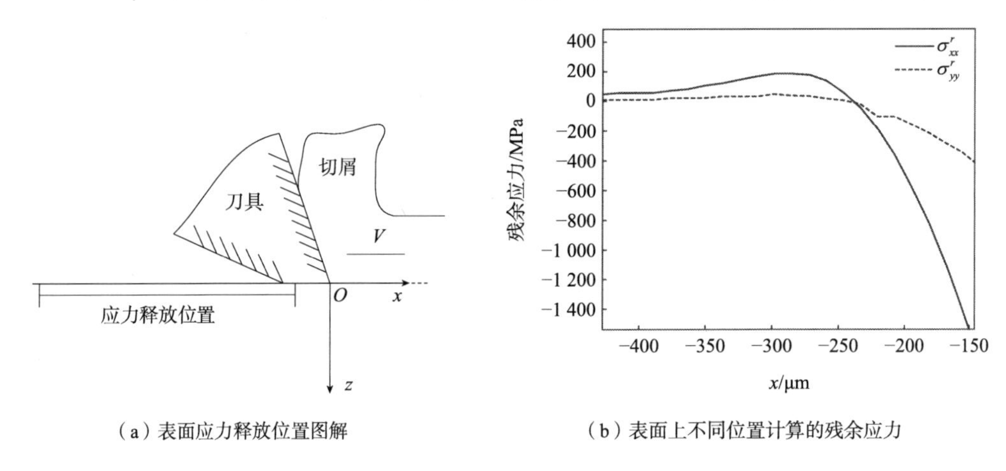

（a）表面应力释放位置图解　　（b）表面上不同位置计算的残余应力

图 2.30　已加工表面 x 轴上不同应力释放位置处计算的残余应力

为验证提出的初始条件判定准则在残余应力计算中的正确性，本章进行正交切削试验，工件材料仍为镍铝青铜合金。设定的切削条件和相关的输入变量见表 2.13。切削完成后用 X 射线衍射法测量表面和不同深度下的残余应力。

表 2.13　切削条件和相关输入变量

切削条件序号	切削条件			输入变量		
	切削速度 V/（m/min）	切削深度 t_c / mm	切削宽度 w/ mm	剪切角 φ/（°）	F_c /N	F_t /N
1	50	0.09	5	21	890	310
2	100	0.09	5	25	870	270
3	70	0.07	5	20	670	290
4	70	0.14	5	26	1400	400

按照提出的初始条件的判定准则，不同切削条件下判定的应力释放位置如表 2.14 所示，可见这些位置距离刀尖点十分接近。用判定的初始条件计算的残余应力曲线和实验测量的曲线对比如图 2.31 所示，图中模型计算的数据点间隔是 5 μm，残余应力曲线由相邻数据点用直线连接而得，可见理论计算结果是比较光滑的曲线。不同切削条件下模型的计算结果和实验结果从曲线的幅值、趋势、最大残余应力深度等方面的比较来看都符合得较好，提出的初始条件的判定方法可行。

表 2.14　应力释放位置的判定

切削条件序号	加工表面残余应力测量值/MPa	计算的表面残余应力/MPa	判定的应力释放位置（与 z 轴的距离）/μm
1	317	296	250
2	280	265	195
3	260	251	215
4	339	327	265

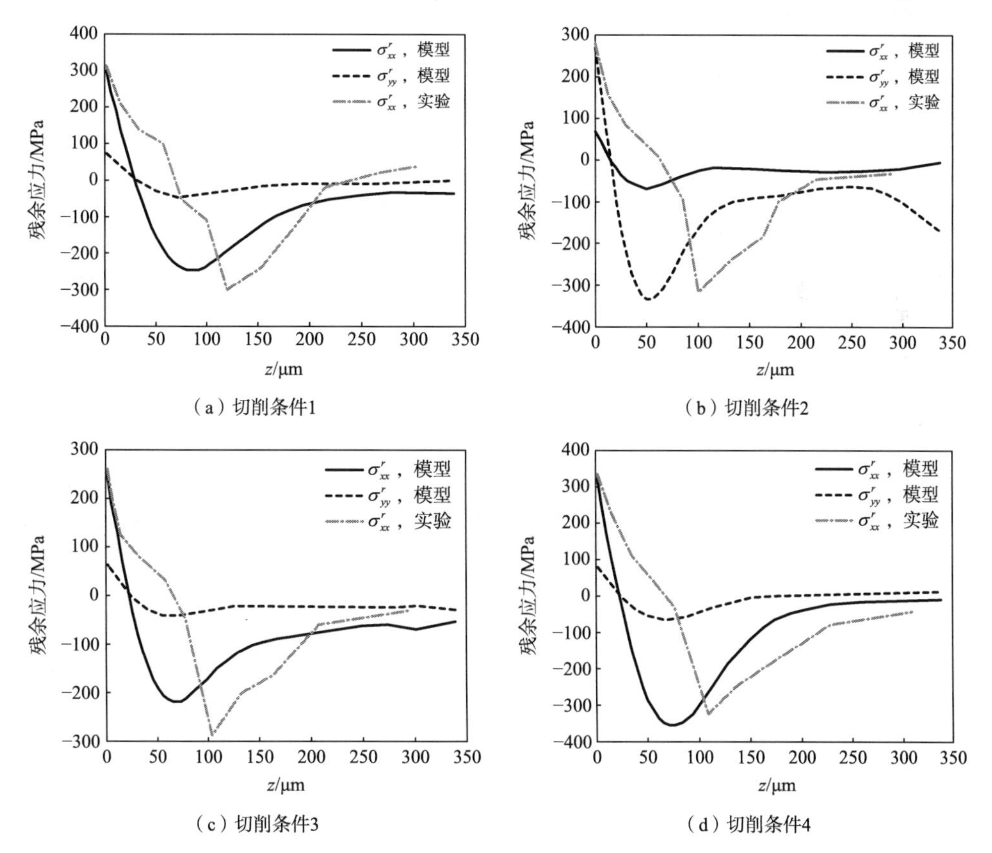

图 2.31　模型计算的残余应力曲线和实验测量曲线对比

2.3.3　残余应力分量大小关系的讨论

注意到该残余应力模型计算的残余应力中 x 方向（切削速度方向）的分量大于 y 方向（轴

向）的分量（图 2.31），这个现象在 Moussa 等（2012）对切削加工残余应力的实验和数值法研究中也得到了体现，类似的现象在 Hua 等（2006，2005）、Moha mmadpour 等（2010）、Umbrello 等（2007）和 Outeiro 等（2006）的研究工作中均得到了体现。这些研究结果表明这样的残余应力分量的大小关系在不同的切削条件和工件材料下均一样。为了揭示其中的机理，作者分析了残余应力的源头，即切削过程的应力场。图 2.32 为应力释放位置处不同深度下的应力分量的值，这些应力值正是求解式（2.41）和式（2.42）所需的输入变量，即初始条件。可以看到这些应力中切削速度方向的残余应力 S_{xx} 也大于轴向的残余应力 S_{yy}，实际上对于不同的切削条件，这些应力分量也有相同的关系。有限元软件 ABAQUS 计算的应力分量大小也有相同的关系，如图 2.21 所示。由此作者认为，残余应力中的这两个分量的大小关系是由切削过程应力的大小决定的，而切削过程不同方向的应力分量的大小又取决于该方向切削力的大小。因为切削过程中切削速度方向的力要大于轴向的力，所以相应切削速度方向的应力也大于轴向的应力，最终造成了切削速度方向的残余应力大于轴向残余应力的结果。

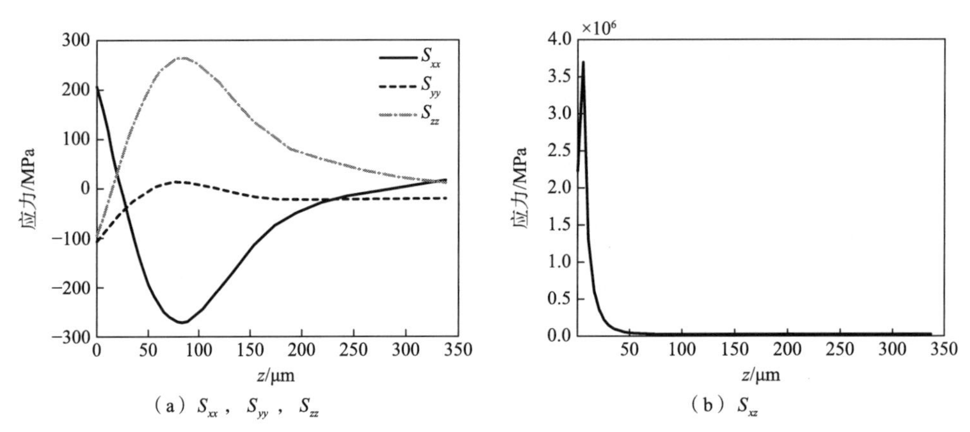

（a）S_{xx}，S_{yy}，S_{zz}　　（b）S_{xz}

图 2.32　应力释放位置的偏应力在不同深度的分布（镍铝青铜合金，切削条件 1，应力释放位置 250 μm）

然而，Ulutan 等（2007）的模型计算的残余应力分量却没有体现这样的大小关系，如图 2.33 所示，不同切削条件下其模型计算的轴向残余应力分量（y 方向）远大于切削速度方向的分量（x 方向），这和文献中普遍得到的结论不符合，所以本书提出的残余应力模型预测结果更准确。

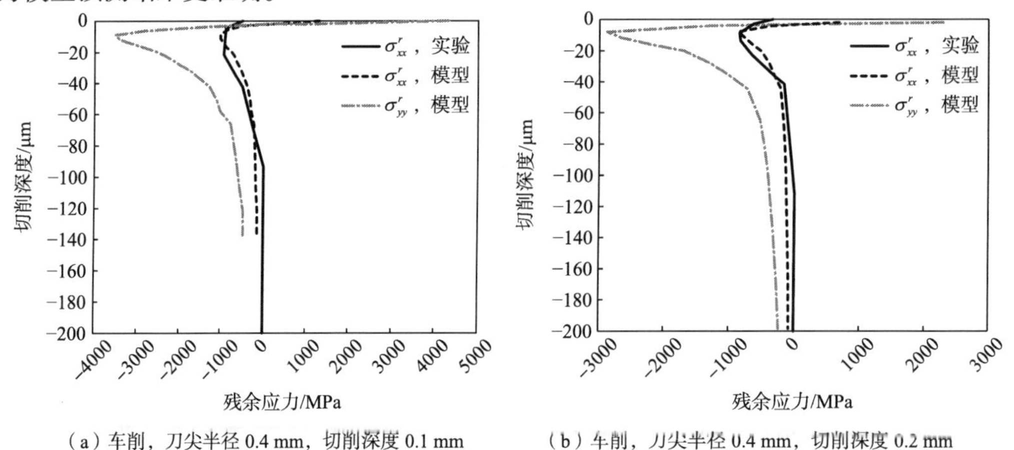

（a）车削，刀尖半径 0.4 mm，切削深度 0.1 mm　　（b）车削，刀尖半径 0.4 mm，切削深度 0.2 mm

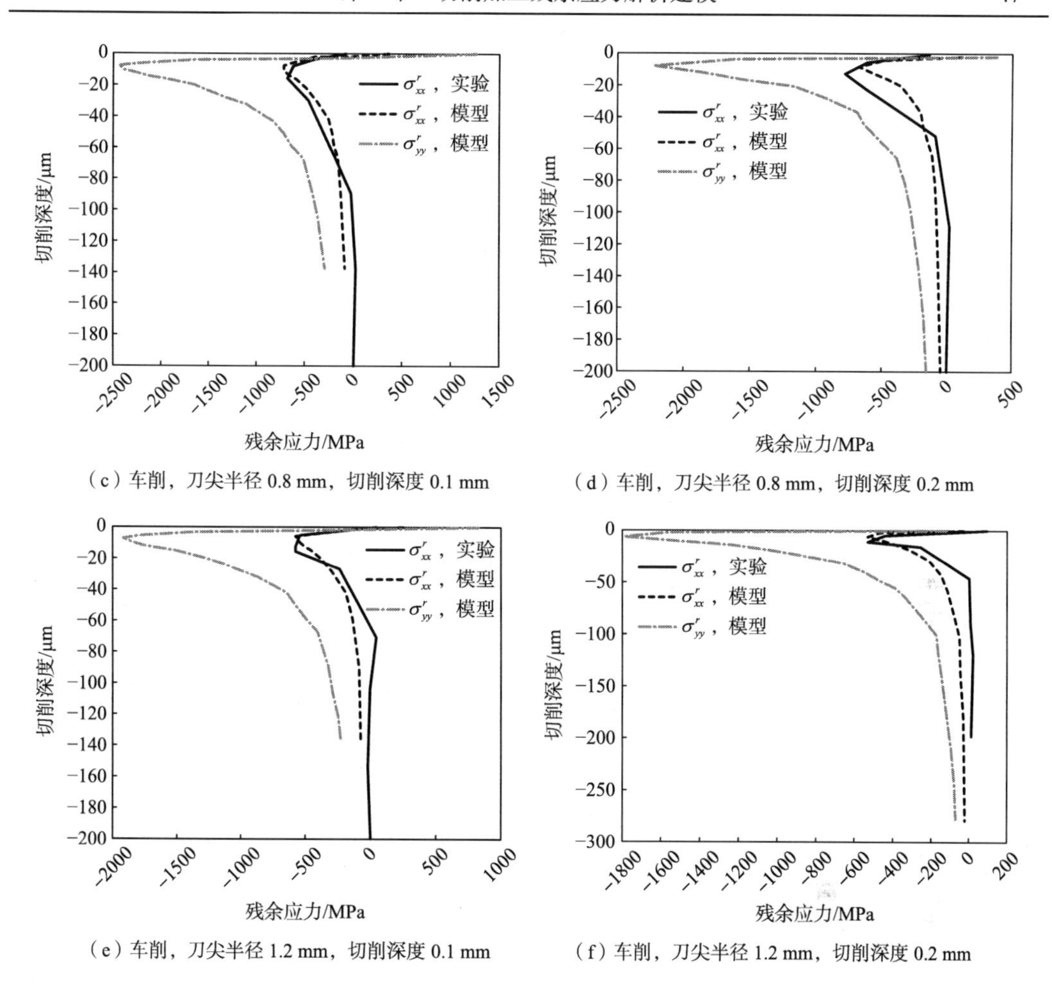

（c）车削，刀尖半径 0.8 mm，切削深度 0.1 mm

（d）车削，刀尖半径 0.8 mm，切削深度 0.2 mm

（e）车削，刀尖半径 1.2 mm，切削深度 0.1 mm

（f）车削，刀尖半径 1.2 mm，切削深度 0.2 mm

图 2.33　Ulutan 等的模型计算的残余应力（Ulutan et al.，2007）

第 3 章 切削加工残余应力的机理分析与调控机制

切削加工是多参数作用下的物理过程，不同参数对输出的影响特点不一样，作用的途径也不一样。本书中机理分析的内容是指分析辨识影响残余应力分布的切削输入参数及其作用的物理途径。通过分析这些机理，能够揭示输入量影响输出的黑箱结构，更深入了解残余应力生成的规律。在了解这些输入–输出对应关系的基础上，才能通过合理设置相关输入量来调控输出量，实现所需的输出量的值。

3.1 基于多变量解耦的残余应力影响机理分析

一般认为残余应力生成的源头包括热应力、机械应力和相变应力（Davim，2010）。但这样的源头划分是针对普遍的残余应力的生成机理而言的，而本书要研究的是切削加工这种特定的作用方式下的残余应力生成机理，所以这些普遍意义上的残余应力的源头的划分就显得过于宏观，而应该在此基础上再细分出针对切削加工的更基本的源头。若将这些源头作为输入量，残余应力作为输出量，机理分析则可以视作辨识对输出产生影响的相关变量及其相互关系和对输出的物理作用方式，排除与输出无关的变量。目前对切削加工残余应力的理论研究中偏重建模工作（Jawahir et al.，2011），而缺少对机理的系统分析。理论建模是机理分析的前提，而机理分析则是理论建模的验证和运用。注意到在 2.3 节的残余应力模型和本章将要开展的残余应力生成机理的研究中，将相变应力的源头去除而只考虑热应力和机械应力，这是因为并非所有材料的切削加工都会带来表面层的材料的相变，所以将相变因素忽略有其合理性和实际适用特点，没有违背机理分析的要求。

在切削加工残余应力生成机理研究中，对源头或者说输入量的划分层次将直接影响人们对机理认识的层次。在切削输入量的划分上，Arrazola 等（2013）在综述中将基本变量分为切削力、温度场、热分配系数、应力、应变和应变率。然而，本书认为这些基本变量的划分方式过于宏观，并不适用于机理分析，机理分析对输入的基本变量的细分应达到基本物理元素的程度，基本变量的划分层次体现出机理分析的层次。在基本变量的划分上，本章基于 2.3 节所建立的解析模型，以切削温度和残余应力为输出，从以下角度划分基本变量：①传热学变量，如材料热导率 λ；②运动学变量，如切削速度 V；③力学变量，如切削力 F_c、F_t，后刀面摩擦系数 μ；④几何学变量，如切削深度 t_c、切削

宽度 w、剪切角 φ、刀具前角 α、后刀面磨损带长度 VB。本书称这些输入量为基本变量，其中材料热导率属于工件体系，刀具前角、后刀面摩擦系数和后刀面磨损带长度属于刀具体系，切削速度、剪切角、切削力、切削深度、切削宽度属于切削用量体系。从解析模型的角度对基本变量的划分主要以其在解析式中不可再细分为依据，它们是研究切削加工残余应力生成机理的基本输入元素。

但在实际切削中这些基本变量间是耦合的，主要体现在实际切削加工中一个基本变量的改变会引起某些基本变量的改变，如切削速度的变化在一定程度上会带来切削力、后刀面摩擦系数和剪切角的变化，切削深度的变化会带来切削力和剪切角的变化。基本变量的耦合在机理研究上带来的问题是使切削加工残余应力的影响规律变得复杂，因为基本变量既能单独直接对输出的温度场和残余应力产生影响，也能通过变量间的耦合作用间接产生影响，使人们难以辨识某一基本变量对切削加工残余应力的影响规律。所以，切削加工残余应力生成机理的研究需要将基本变量进行解耦。

基本变量耦合的现象是实际物理世界存在的规律，难以通过实验解耦验证，因此解耦研究只有通过理论模型进行。而有限元法在理论上由于过多地要求重现实际切削过程，其仿真时基本变量之间也是耦合的，目前无法进行解耦研究。实际上目前还没有研究者认识到用解耦法研究加工机理的重要性，更多的研究者是把工作放在研究切削用量如切削速度、进给量和切削深度对加工品质的影响上。这些工作跨过了对基本变量的研究，实际上是没有从本质上认识加工机理。导致这种现象的原因其实也包含了前期在切削加工的理论研究中解析法建模尚未成熟这一因素。2.3 节提到解析法之所以引起人们的关注，是因为其“对加工物理机理有清晰的表达”，这一“清晰的表达”实际上也包含本书提出的能进行“多变量解耦”的研究。而 2.3 节对解析建模的改进，在温度场、应力场和残余应力上均较实际地反映了实际加工中的特点，因此，本章拟基于解析模型用解耦的方法开展切削加工机理的研究，探索输入和输出间的物理规律。

3.1.1　残余应力解析模型中的多变量解耦问题

变量耦合的概念来源于过程控制系统学科，是指多输入多输出过程中，一个输入影响多个输出，而一个输出也受到多个输入的影响，各通道之间存在着相互作用。这种输入与输出间、通道与通道间复杂的因果关系称为变量间的耦合（鲁照权等，2014）。变量耦合体现在多输入多输出过程，其传递函数可表示为

$$\boldsymbol{W}(s)=\frac{\boldsymbol{Y}(s)}{\boldsymbol{X}(s)}=\begin{pmatrix} W_{11}(s) & W_{12}(s) & \cdots & W_{1m}(s) \\ W_{21}(s) & W_{22}(s) & \cdots & W_{2m}(s) \\ \vdots & \vdots & & \vdots \\ W_{n1}(s) & W_{n2}(s) & \cdots & W_{nm}(s) \end{pmatrix} \tag{3.1}$$

式中：n 为输出量数；m 为输入量数；$W_{ij}(s)$ 为第 j 个输入与第 i 个输出间的传递函数，当 $W_{ij}(s)$ 为方阵，i 不等于 j，且 $W_{ij}(s)$ 不为零时，说明变量 i 和 j 间存在耦合。耦合过程

原理框图如图 3.1 所示，当$W_{12}(s)$和$W_{21}(s)$均不为零时，说明输入量$X_1(s)$和$X_2(s)$产生耦合。

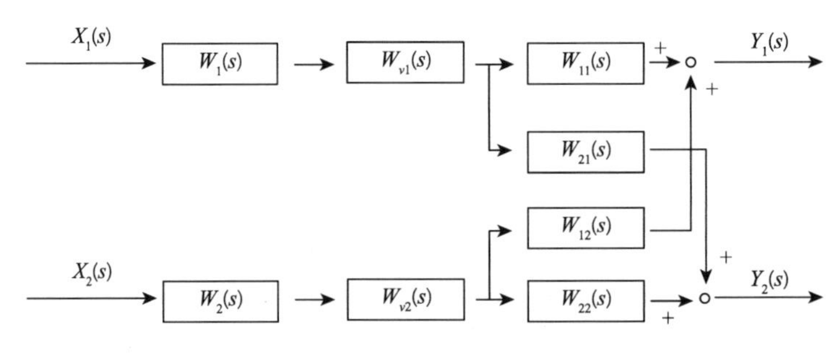

图 3.1　耦合过程原理框图

在解耦问题中，式（3.1）通常取 $n=m$，这与大多数实际过程相符合。多变量解耦就是解除变量之间的不希望的耦合，形成各个独立的单输入单输出的通道，使此过程的传递函数分别为（鲁照权等，2014）：

$$\boldsymbol{W}(s)=\begin{pmatrix} W_{11}(s) & & & 0 \\ & W_{22}(s) & & \\ & & \ddots & \\ 0 & & & W_{nn}(s) \end{pmatrix} \tag{3.2}$$

基本变量间产生相互作用的关系如图 3.2 所示，有路径箭头指向的说明这两个变量间存在相互作用关系，箭头由 A 指向 B 的，说明 A 的变化会带来 B 的变化。上下箭头分别表示变量的增加和减小，结合路径箭头，表达的是箭头起点的自变量的增加或减小带来的箭头终点的因变量的增加或减小。例如，切削深度的增加会带来剪切角的增大，而剪切角的增大又会带来切削力的减小。除了材料热导率不与其他变量产生相互作用，其余基本变量间都产生了相互作用关系，这些相互作用的函数关系是根据常规认识和目前部分文献的研究结论得出的简单对应关系，如 Shaw（2005）开展的不同切削速度、进给量和刀具前角对剪切角、切削力和摩擦系数等的影响。实际中有些相互作用的函数关系会比较复杂，准确的函数关系还要通过更多的研究来揭示，本书只用简单增减函数关系来表示。Shaw（2005）的研究显示，随着切削速度的增大，剪切角增大，切削力减小，然而剪切角的增大也会带来切削力的减小，所以无法说明切削速度是否和切削力有相互作用。针对该问题，为研究方便起见，本书不考虑切削速度对切削力的直接作用，而认为切削速度带来的切削力的改变是通过对剪切角产生影响来进行的。这九个基本变量中的每一个变量都会对输出的切削温度和残余应力产生直接影响，也会通过相互作用的关系产生间接影响，这些直接影响和间接影响既可能形成相互促进的关系，也可能形成相互削弱的关系，所以基本变量对输出的影响比较复杂。

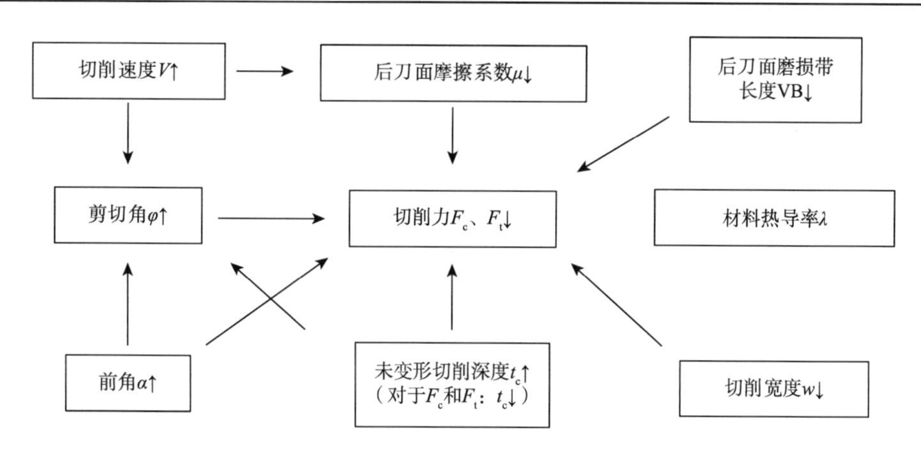

图 3.2　基本变量间相互作用的增减函数关系示意图

借鉴过程控制系统学科的控制框图的概念，对于切削加工残余应力的研究而言，将切削参数、刀具几何、材料特性等作为输入量，切削温度、残余应力等表面完整性指标作为输出量，这些输入输出关系的框图如图 3.3 所示（图中 T 形交叉节点表示分流，而“十”字交叉的位置不代表分流，仅仅是线条的交叉）。注意到图 3.3 中特殊的输入输出关系：①基本变量中的剪切角 φ 和切削力 F_c、F_t 虽然在解析模型中均作为输入量，但在基本变量间的关系中却作为输出量，所以基本变量间形成了一个可视为独立于整个系统的局部输入输出系统，且基本变量间产生了耦合，耦合关系为图 3.2 所示的基本变量间相互作用的关系；②切削温度可以形成一个独立的输出，但又和切削力相耦合（即热力耦合）形成切削应力场，作为残余应力的输入；③当以切削温度和残余应力作为输出时，整个系统是“多输入多输出”系统，因为切削温度和残余应力有多个特征指标，如温度高低、分布深度和残余应力幅值，这些特征指标对应的输入量可能不尽相同。

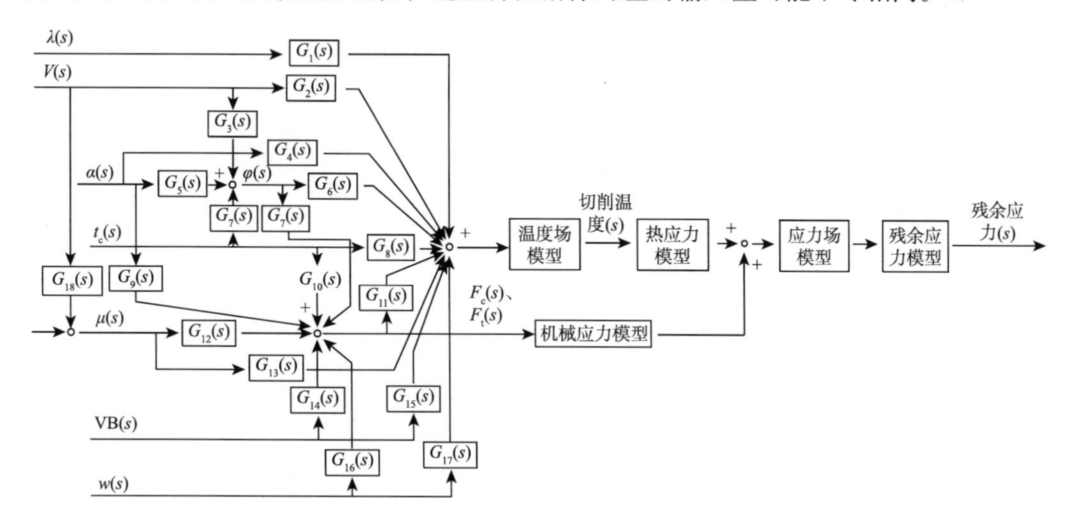

图 3.3　切削输入量与输出量框图

将图 3.3 的框图进行分解，把基本变量间的输入输出关系提取出来，如图 3.4 所示，基本变量间形成的关系也是“多输入多输出”的关系，输出量用*号标出，以将输入量和输出量区别开，用矩阵表示如式（3.3）所示。借鉴过程控制系统学科的概念，解耦是将式（3.3）的传递函数的矩阵变成对角阵，所以解耦后，式（3.3）变成式（3.4）。注意到式（3.4）中等式右边的输入量的矩阵增加了剪切角 $\varphi(s)$ 和切削力 $F_c(s)$ 、$F_t(s)$ ，$\varphi(s)$ 表示剪切角作为设计（输入）变量的标量函数，$F_c(s)$ 、$F_t(s)$ 为输入变量的矢量函数。这是因为在解耦的情况下剪切角、切削力的输入等于输出，不再通过其他输入量的运算得出。基本变量解耦之后，原先图 3.3 的输入输出框图变为如图 3.5 所示的框图，各基本变量独立地对切削温度和残余应力产生影响。本书所做的多变量解耦研究，就是要使每个基本变量独立对输出产生作用，以研究其对输出产生的影响。

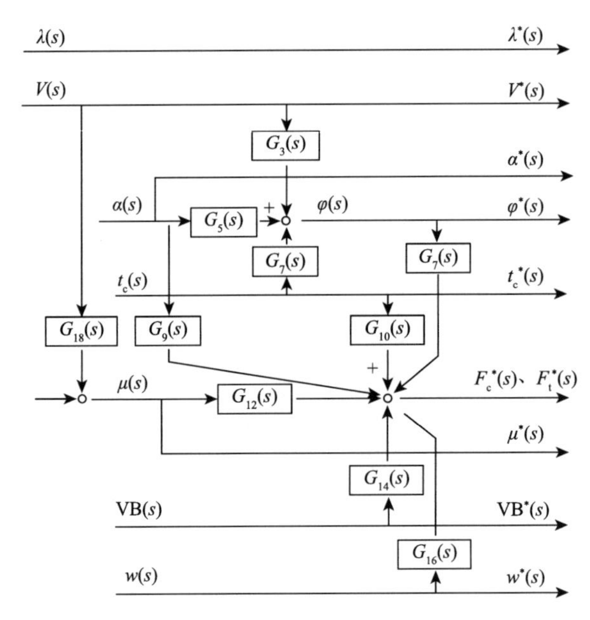

图 3.4　基本变量间形成的输入输出框图

$$
\begin{pmatrix} \lambda^*(s) \\ V^*(s) \\ \alpha^*(s) \\ \varphi^*(s) \\ t_c^*(s) \\ F_c^*(s) \\ F_t^*(s) \\ \mu^*(s) \\ \mathrm{VB}^*(s) \\ w^*(s) \end{pmatrix}
=
\begin{pmatrix}
1 & & & & & & & & & \\
 & 1 & & & & & & & & \\
 & & 1 & & & & & & & \\
 & G_3(s) & G_5(s) & 1 & G_7(s) & & & & & \\
 & & & & 1 & & & & & \\
 & & G_9(s) & G_7(s) & G_{10}(s) & 1 & & G_{12}(s) & G_{14}(s) & G_{16}(s) \\
 & & G_9(s) & G_7(s) & G_{10}(s) & & 1 & G_{12}(s) & G_{14}(s) & G_{16}(s) \\
G_{18}(s) & & & & & & & 1 & & \\
 & & & & & & & & 1 & \\
 & & & & & & & & & 1
\end{pmatrix}
\begin{pmatrix} \lambda(s) \\ V(s) \\ \alpha(s) \\ 0 \\ t_c(s) \\ 0 \\ 0 \\ \mu(s) \\ \mathrm{VB}(s) \\ w(s) \end{pmatrix}
\tag{3.3}
$$

$$
\begin{pmatrix} \lambda^*(s) \\ V^*(s) \\ \alpha^*(s) \\ \varphi^*(s) \\ t_c^*(s) \\ F_c^*(s) \\ F_t^*(s) \\ \mu^*(s) \\ \mathrm{VB}^*(s) \\ w^*(s) \end{pmatrix} = \begin{pmatrix} 1 &&&&&&&&& \\ & 1 &&&&&&&& \\ && 1 &&&&&&& \\ &&& 1 &&&&&& \\ &&&& 1 &&&&& \\ &&&&& 1 &&&& \\ &&&&&& 1 &&& \\ &&&&&&& 1 && \\ &&&&&&&& 1 & \\ &&&&&&&&& 1 \end{pmatrix} \begin{pmatrix} \lambda(s) \\ V(s) \\ \alpha(s) \\ \varphi(s) \\ t_c(s) \\ F_c(s) \\ F_t(s) \\ \mu(s) \\ \mathrm{VB}(s) \\ w(s) \end{pmatrix} \tag{3.4}
$$

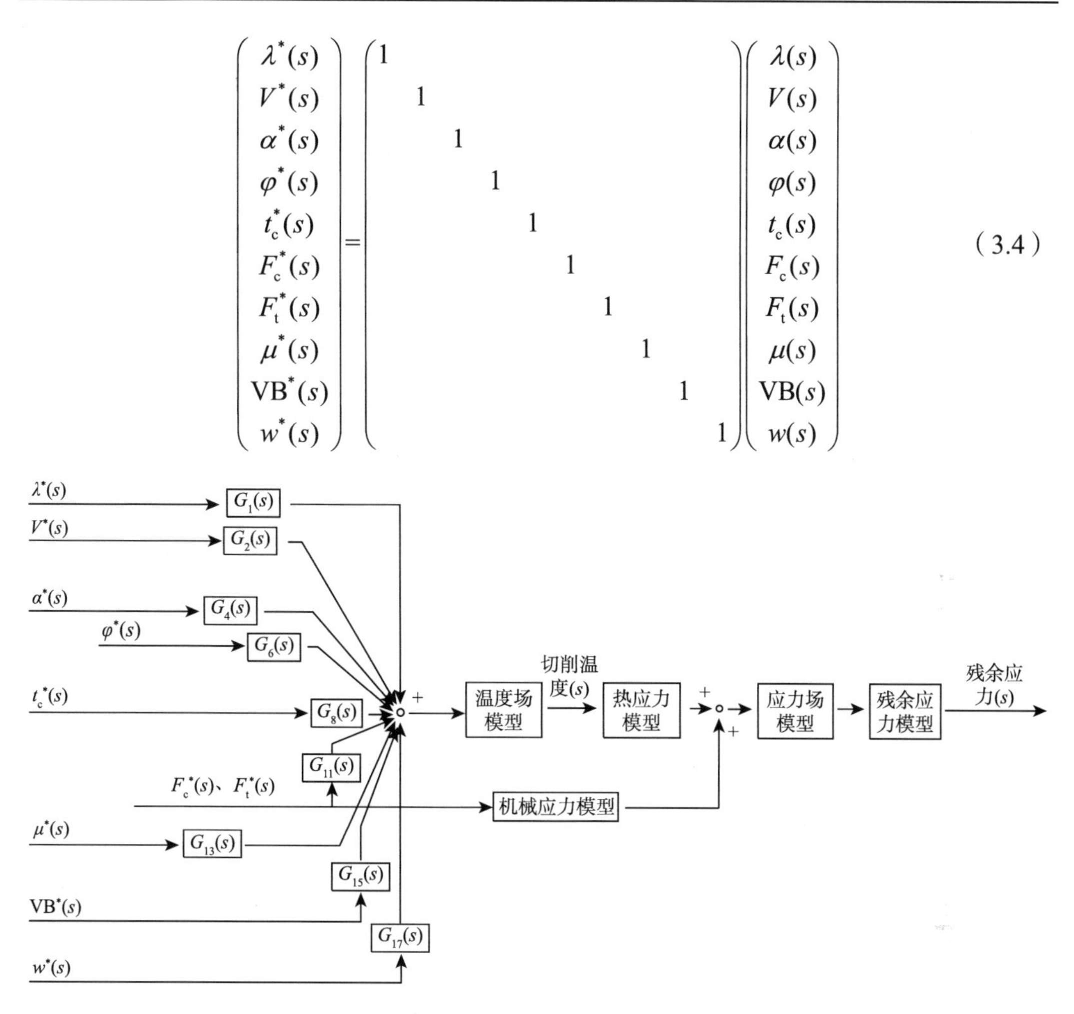

图 3.5　基本变量解耦后的输入输出框图

实际上，本书解析模型自身的特点为多变量解耦研究提供了天然优势，因为解析模型中基本变量的取值可以人为任意设定，而无须考虑这些基本变量取值的组合是否符合实际材料切削时的取值组合，从而可以研究每个基本变量独立作用下对输出的影响，这实际上已经实现了解耦的功能。此外，基本变量的划分层次已经达到实际切削的基本输入元素的层次，使解耦研究的输入输出关系反映出“机理”的内涵。

3.1.2　将输入量解耦成基本变量进行灵敏度分析

本书开展的基于多变量解耦的残余应力影响机理分析，分成三个步骤进行，如图 3.6 所示。解耦研究主要是灵敏度分析，研究基本变量独立作用下对输出产生影响的增减函数关系；溯源研究主要是利用布尔运算分析解耦研究得出的基本变量和输出间的增减函数关系，以获得输入影响输出的物理途径；耦合研究主要是将前面两步的分析结果描述成输入影响输出的黑箱结构。本节首先开展解耦研究。

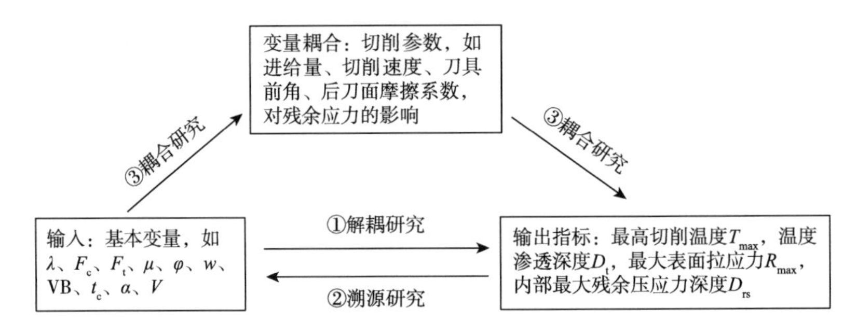

图 3.6　机理分析的三个步骤

解耦研究中需要分别研究每个基本变量独立取值增大时对输出的增减影响关系，其他变量取值按表 3.1 进行。

表 3.1　基本变量取值

基本变量	后刀面摩擦系数 μ	切削速度 V/（m/min）	切削厚度 t_c / mm	切削宽度 w/ mm	剪切角 φ/（°）
取值	0.22	60	0.11	5	22
基本变量	后刀面磨损带长度 VB/ mm	刀具前角 α/（°）	切削速度方向切削力 F_c/N	进给方向切削力 F_t/N	热导率 λ /［W/（mm · ℃）］
取值	0.04	17	1000	300	0.03

在分析中关注的输出指标主要有四个，即最高切削温度（T_{max}）、温度渗透深度（D_t，用 40℃等温线的深度表示）、内部最大残余压应力深度（D_{rs}）和表面残余应力大小（最大表面拉应力表示为 R_{max}，即图 2.30（b）所示的表面残余应力曲线的峰值），关注这四个指标的主要依据为这些指标对表面完整性的形成和衡量有重要参考意义：最高切削温度影响工件内的组织相变；温度渗透深度关系到热影响层的深度；内部最大残余压应力深度对应残余应力影响层的深度；表面残余应力大小关系到零件表面腐蚀和疲劳裂纹萌生。

首先研究热导率单调增加时对输出量的影响，如图 3.7~图 3.9 所示，总结出表 3.2 的定性变化关系。注意到这些研究虽然是定性的，但其能避免定量测量的误差对机理分析的影响，因为实际中残余应力不仅难以精确测量，而且随着时间推移会产生变化，所以定量分析难以有精确的实验进行验证。而残余应力随着输入参数变化产生的变化趋势是确定的，与工件材料无关，目前已有较多的文献研究结果，所以定性分析更加具有实验支撑依据。

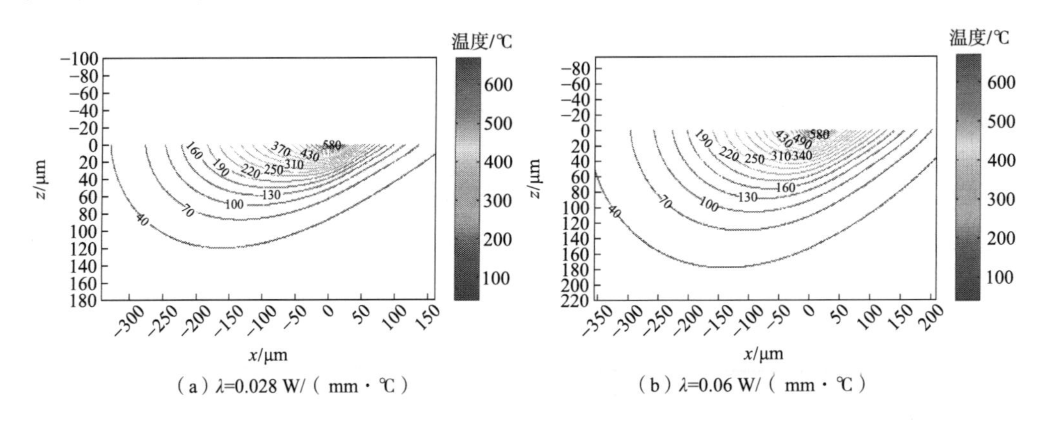

（a）λ=0.028 W/（mm · ℃）　（b）λ=0.06 W/（mm · ℃）

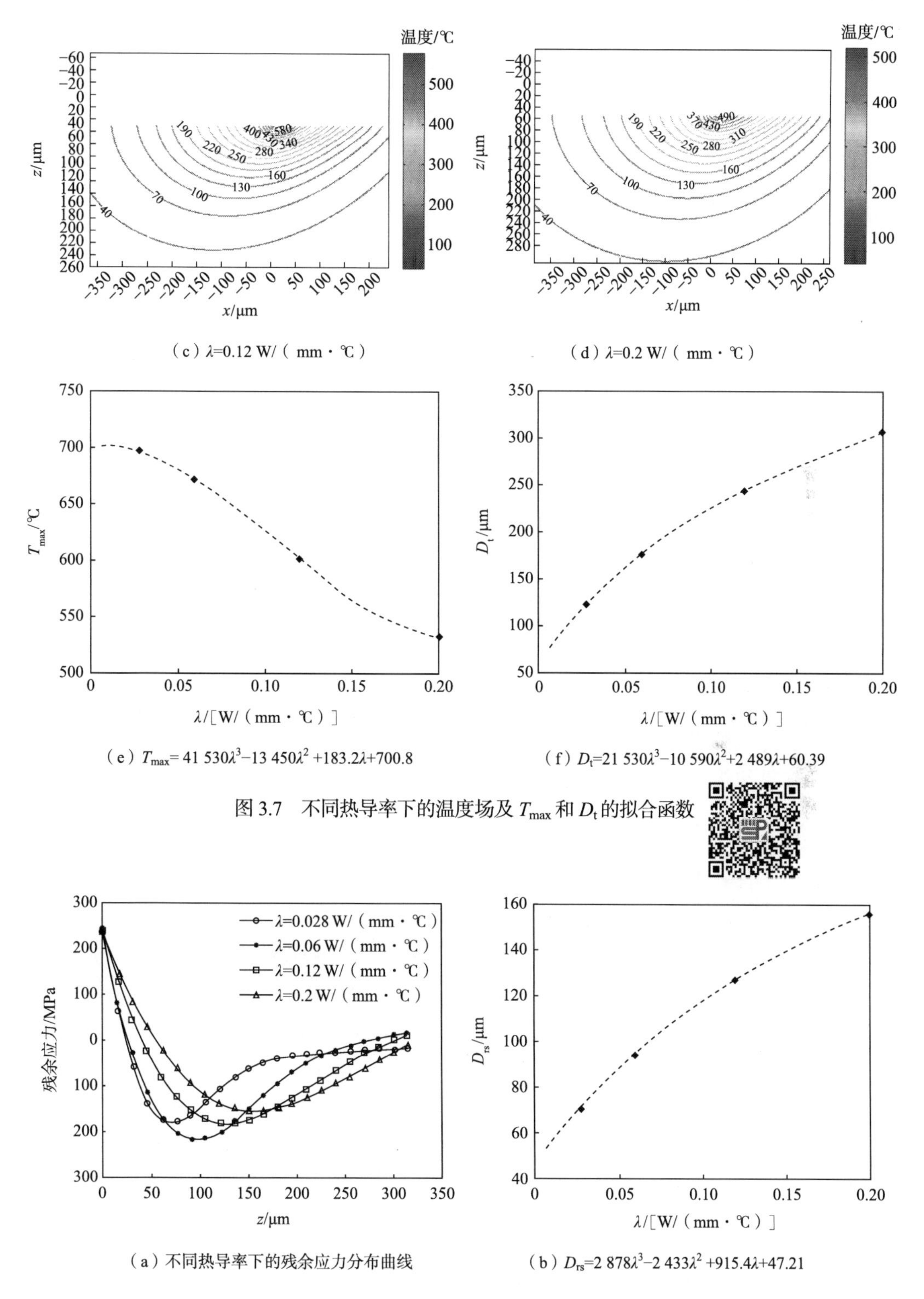

（c）λ=0.12 W/（mm·℃）

（d）λ=0.2 W/（mm·℃）

（e）T_{max}= 41 530λ^3−13 450λ^2 +183.2λ+700.8

（f）D_t=21 530λ^3−10 590λ^2+2 489λ+60.39

图 3.7　不同热导率下的温度场及 T_{max} 和 D_t 的拟合函数

（a）不同热导率下的残余应力分布曲线

（b）D_{rs}=2 878λ^3−2 433λ^2 +915.4λ+47.21

图 3.8　不同热导率下的残余应力分布曲线及 D_{rs} 的拟合函数

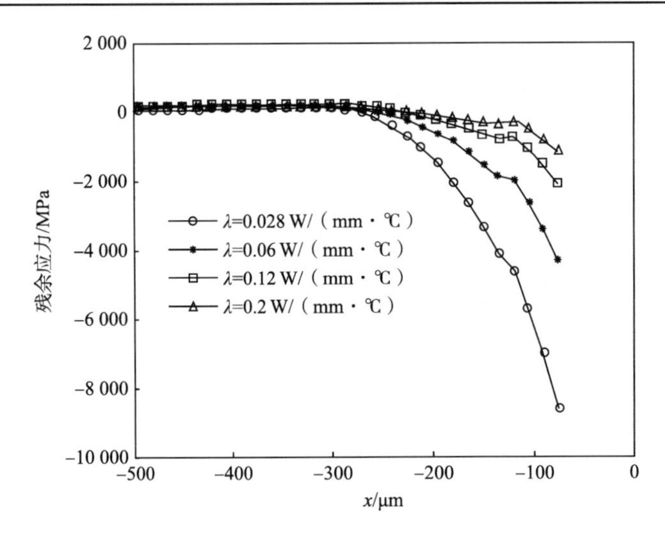

图 3.9 不同热导率下的表面残余应力

表 3.2 热导率对四个指标的影响趋势

变量	T_{max}	D_t	D_{rs}	R_{max}	拟合函数类型
热导率 λ↑	↓	↑	↑	基本无影响	三次多项式

由于篇幅所限，本书不再给出温度场的等温线，后面用表格总结输出量随基本变量的变化趋势。

将输出量随基本变量单调增大时的变化趋势总结成表 3.3，该表的结论是多变量解耦研究的重要结论，给出了基本变量对切削的影响规律，为深入揭示加工机理、掌握切削变量对残余应力的影响机制提供了理论指导。下面将基于表 3.3，对切削温度和残余应力，包括最高切削温度、温度渗透深度、最大表面拉应力和内部最大残余压应力深度四个指标，进行机理分析，探索对这四个指标产生影响的相关基本变量及其共同作用机理。

表 3.3 基本变量取值增大时对相关指标的影响趋势

变量	最高切削温度 T_{max}	温度渗透深度 D_t	内部最大残余压应力深度 D_{rs}	最大表面拉应力 R_{max}	拟合函数
热导率 λ↑	↓	↑	↑	基本无影响	三次多项式
进给方向切削力 F_t↑	↓	↓	基本无影响	↓	一次多项式
切削速度方向切削力 F_c↑	↑	↑	基本无影响	↑	一次多项式
后刀面–工件间的摩擦系数 μ↑	↑	无影响	表面层内生成拉应力	↑	一次多项式
剪切角 φ↑	↓	↓	↓	↓	二次多项式
切削宽度 w↑	↓	↓	无影响	↓	三次多项式
后刀面磨损带长度 VB↑	基本无影响	无影响	表面层内生成拉应力	基本无影响	指数函数
切削深度 t_c↑	↓	↑	↑	不确定性影响	指数函数

续表

变量	最高切削温度 T_{max}	温度渗透深度 D_t	内部最大残余压应力深度 D_{rs}	最大表面拉应力 R_{max}	拟合函数
刀具前角 α↑	↓	↓	无影响	↓	指数函数
切削速度 V↑	↑↓	↓	↓	基本无影响	指数函数

3.1.3　切削温度和残余应力的溯源分析

本节利用表 3.3 的结果，采用布尔运算分析不同输出的影响机制。

首先分析对最高切削温度 T_{max} 的影响。按照温度场解析建模的相关公式，各个基本变量对切削温度起作用的途径可以归纳为五类：①热能生成类，包括 F_c、F_t、μ、V，影响机械能转化成热能的多少；②热流密度类，包括 w、t_c、VB、α、φ，影响热能分布的面积，进而影响热能在介质中的密度；③热传导类，包括 λ，该变量影响热能传导的快慢，从而影响散热程度；④热的分配类，包括 t_c、V、λ，影响切削热能在工件内的分配比例；⑤加热时间类，包括 V、t_c、VB、φ，影响热源对工件的作用时间。这些类别正是这些变量对输出的物理作用方式。可见有的变量同属几个类别，说明它们可通过几种物理作用方式对输出产生影响，这样的变量对切削温度的影响也更复杂。然而即便如此，每一个变量的变化对温度的影响都有一定规律，即有某一类别起到主导作用。结合表 3.3，将各基本变量所属类别及其对温度的影响用上下箭头表示（箭头“↑”表示对温度起升高作用，“↓”表示对温度起降低作用，无箭头说明不属于相应类别），总结出其主导作用的类别，如表 3.4 所示，起主导作用的类别是箭头指向与 T_{max} 的指向一致的类别。该表展示了各个基本变量对切削温度高低的作用机理。注意到进给方向切削力 F_t 的增大反而会导致 T_{max} 下降，这是因为 F_t 的增大会导致分配到剪切带热源的力减小，造成剪切带热能生成减少［式（2.16）］，最终导致切削温度下降。另外，切削速度 V 对 T_{max} 的影响呈现先增加后减小的趋势，原因如下：当 V 较小时，热能生成类起主导作用，T_{max} 随 V 的增大而增大；当 V 较大时，热的分配类和加热时间类起主导作用，T_{max} 随 V 的增大而减小。

表 3.4　基本变量所属类别及对温度高低起主导作用的类别

变量	热能生成类	热流密度类	热传导类	热的分配类	加热时间类	最终对 T_{max} 的影响	起主导作用的类别
热导率 λ↑			↓	↑		↓	热传导类
切削速度方向的切削力 F_c↑	↑					↑	热能生成类
进给方向的切削力 F_t↑	↑					↑	热能生成类
后刀面-工件间的摩擦系数 μ↑	↑					↑	热能生成类
剪切角 φ↑		↑			↓	↓	加热时间类
切削宽度 w↑	↓	↓				↓	共同作用
后刀面磨损带长度 VB↑		↓			↑	不变	持平

续表

变量	热能生成类	热流密度类	热传导类	热的分配类	加热时间类	最终对 T_{max} 的影响	起主导作用的类别
切削深度 t_c↑		↓		↓	↑	↓	热流密度类和热的分配类
刀具前角 α↑		↓				↓	热流密度类
切削速度 V↑	↑			↓	↓	↑↓	共同作用

其次研究对温度渗透深度 D_t 的影响。一般说来，切削温度越高，相应在工件内的温度渗透深度越大，反之亦然。然而，表 3.3 的结果表明，这一常规结论并没有完全成立，在最高切削温度下降的情况下仍能造成温度渗透深度的增加，最高切削温度升高的情况下仍能带来温度渗透深度的下降，如 λ、t_c、V 的作用。为探究这种温度渗透深度的非常规现象，做如下分析。

为便于分析这种跟常规认识不一致的温度渗透深度现象的机理，将表 3.3 中 T_{max}、D_t 这两列和表 3.4 中的五个类别合并到表 3.5 中，提取基本变量 λ、t_c、V 的内容进行分析。第一步，在表 3.5 的五个类别中找出箭头方向与 T_{max} 的箭头方向相反的类别（或者说与 D_t 的箭头方向相同的类别），这个过程为寻找“反常”的类别，找出的类别用*号标出，如表 3.5 所示。第二步是将标*号的类别进行布尔运算，t_c 和 V 的交集为“加热时间类”，λ 和 V 的交集为“热的分配类”，但是这个交集和 t_c 矛盾，因为 t_c 中的“热的分配类”不属于增强“反常”现象的类，即热的分配类并没有起到改变温度渗透深度的主导作用，因为随着 t_c 的增大，分配到工件的热能减小，温度降低，按照常规认识，D_t 应该减小，但实际情况并非如此，所以说“热的分配类”并没有起到改变 D_t 的主导作用，至少不是 λ、t_c 和 V 这三个基本变量带来温度渗透深度反常现象的共同机理。所以，第三步，为寻找 λ、t_c 和 V 共同作用的机理，在 λ 中寻找剩下的类为“热传导类”。热导率的单位［W/（mm·℃）］中功率的单位“W”包含了时间的量纲，热导率越大，说明热能越容易传入工件内部，其和加热时间带来的效应的共同之处是在非定常温度场中均会对温度渗透深度产生显著影响：热导率越大，越容易使温度渗透深度增加；加热时间越久，越容易使温度渗透深度增加。

表 3.5　基本变量所属类别和对温度的影响

基本变量	T_{max}	D_t	热能生成类	热流密度类	热传导类	热的分配类	加热时间类
热导率 λ↑	↓	↑			↓	↑*	
切削深度 t_c↑	↓	↑		↓		↓	↑*
切削速度 V↑	↑↓	↓	↑			↓*	↓*

所以，最后得出结论：在切削加工的非定常温度场中，热导率和加热时间对温度渗透深度起主导作用，而不是温度的高低。

再次研究对内部最大残余压应力深度 D_{rs} 的影响。观察表 3.3 发现，对 D_{rs} 起作用的基本变量为 λ、φ、t_c 和 V（除去 μ 和 VB），这几个基本变量均对 D_t 产生影响，而且都是随着 D_t 增大，D_{rs} 也增大。然而，实际上 D_t 并不和 D_{rs} 有确定性的关系，如 F_t 和 α 的作用虽

然影响 D_t，但并没有对 D_{rs} 产生影响。为揭示其中的机理，需寻找 λ、φ、t_c 和 V 作用的共同特点。上一部分已经分析了 λ、t_c 和 V 对 D_t 的影响机制，即通过改变温度传导快慢或加热时间来影响温度渗透深度，实际上 φ 也对加热时间产生影响［式（2.17）］，因此其对 D_t 的影响机理也与 t_c 和 V 一致。总结起来，影响内部最大残余压应力深度的机理是：工件介质温度传导的快慢，或加热时间对温度渗透深度的影响程度对内部最大残余压应力深度起作用；温度高低带来的温度渗透深度改变不影响内部最大残余压应力深度的分布。

最后研究对最大表面拉应力 R_{max} 的影响。观察表 3.3 发现，基本变量对 R_{max} 的影响分为三类，第一类是产生确定性的影响，用上下箭头表示，第二类是产生不确定性影响，第三类是无影响。在观察这三类影响同 T_{max}、D_t 的关系时发现两个现象：①如果 T_{max} 和 D_t 变化方向一致或无冲突，如 T_{max} 升高，D_t 也增大，反之亦然，那么将会对 R_{max} 的变化产生确定性的影响，且 R_{max} 的变化趋势与 T_{max}、D_t 一致；②如果 T_{max} 和 D_t 变化方向形成冲突，将会对 R_{max} 的变化产生不确定性的影响或基本无影响。仔细观察发现，产生第②条影响的相关基本变量为 λ、t_c 和 V，正是该节讨论的对温度渗透深度产生“异常影响”的基本变量。所以本书作者认为，T_{max} 和 D_t 变化的关系对 R_{max} 的变化起主导作用，当两者同向变化时，R_{max} 产生同向变化。

由于残余应力影响机理的复杂性，以上只是初步研究的认识，需要后续更进一步研究才能更深入揭示残余应力生成机理。

3.1.4　切削输入量对残余应力影响的黑箱结构的分析

利用以上分析结果，可以将切削输入参数对残余应力影响的黑箱结构表达出来，本书讨论的输入参数包括进给量、后刀面磨损、刀具前角和切削速度，其黑箱结构和文献实验结果如图 3.10~图 3.13 所示。黑箱结构中表达了基本变量耦合时产生的相互影响，由于这些耦合尚未有定量的研究结论，本书只用增减关系表达这些耦合的影响。黑箱结构中弱作用环节将被强作用环节抵消，由此可以推导出对最后输出量的增减影响关系。可见由黑箱结构推导出的输出量的增减关系与文献实验研究结果一致（注意到残余应力是连续变化的光滑曲线，所以图 3.13 中残余拉应力深度的变化等效于内部最大残余压应力深度的变化）。

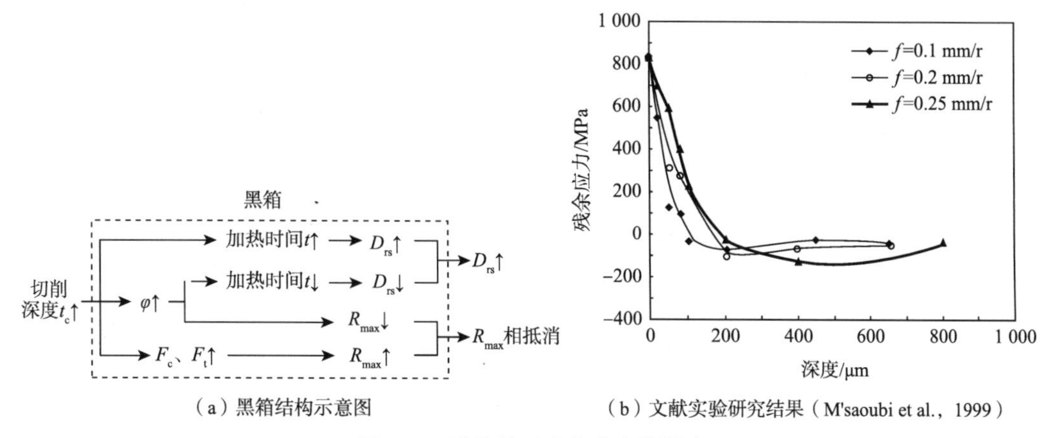

（a）黑箱结构示意图　　（b）文献实验研究结果（M'saoubi et al.，1999）

图 3.10　进给量对残余应力的影响

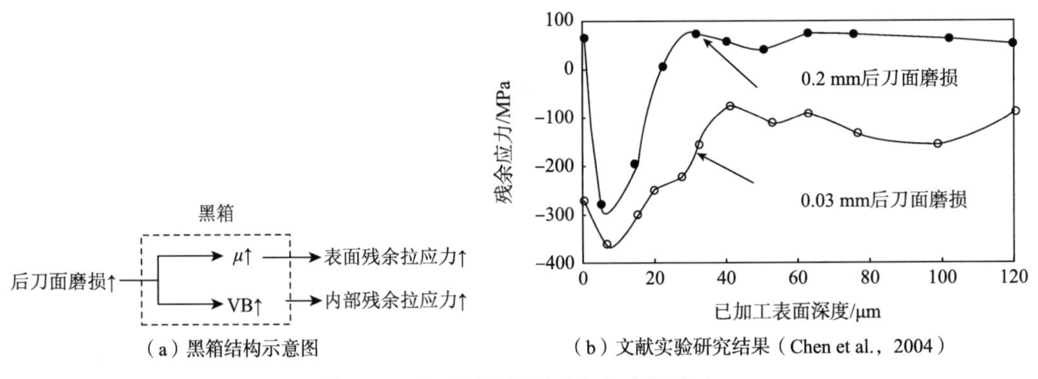

（a）黑箱结构示意图　　（b）文献实验研究结果（Chen et al.，2004）

图 3.11　后刀面磨损对残余应力的影响

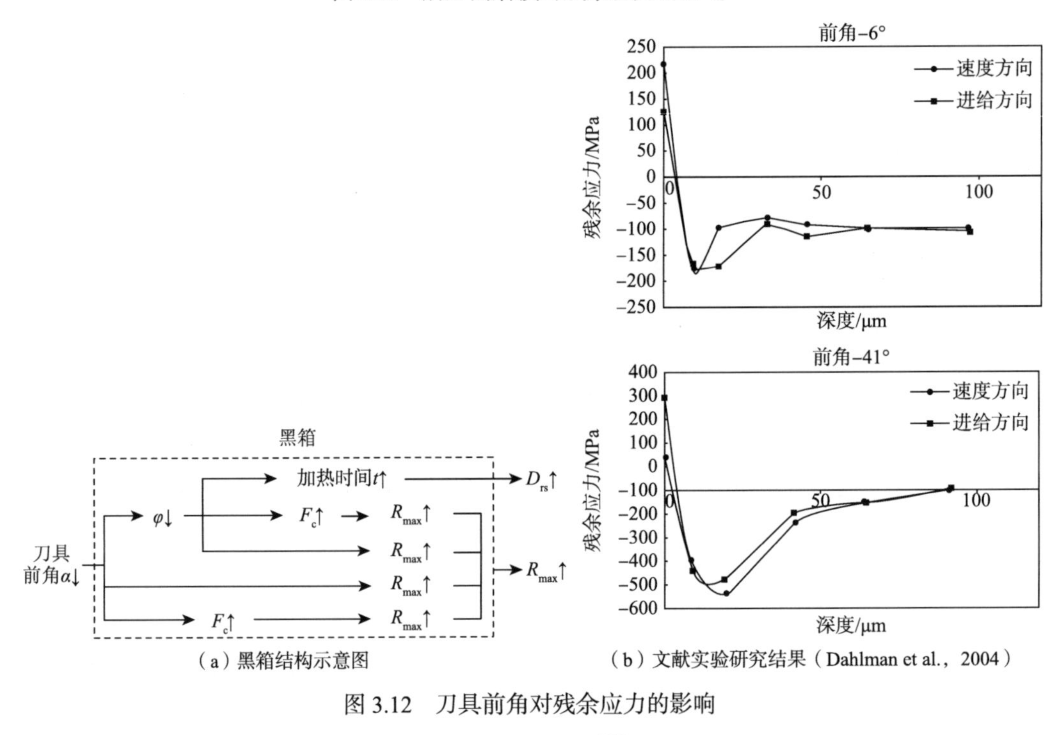

（a）黑箱结构示意图　　（b）文献实验研究结果（Dahlman et al.，2004）

图 3.12　刀具前角对残余应力的影响

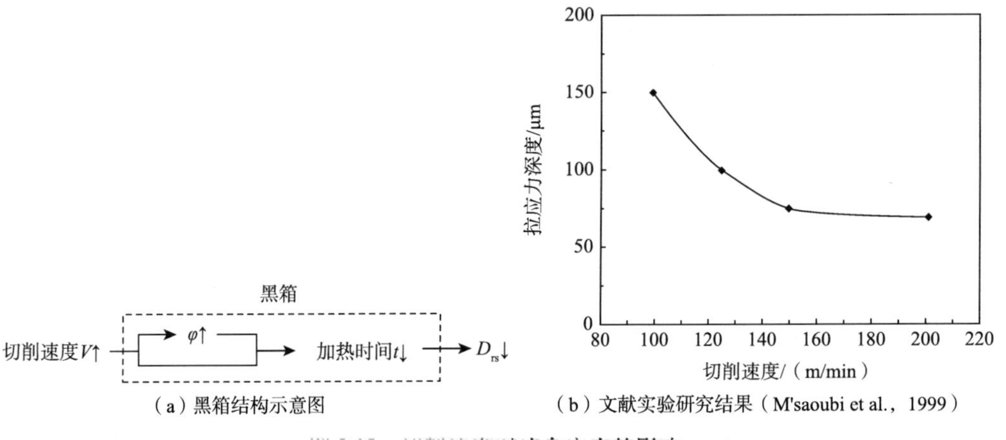

（a）黑箱结构示意图　　（b）文献实验研究结果（M'saoubi et al.，1999）

图 3.13　切削速度对残余应力的影响

3.2　基于参数反演的残余应力调控机制

长期以来，文献在切削加工残余应力研究中基本只关注如何建立从输入量向输出量的映射模型，输入量为工艺参数，也称输入参数，这些模型采用一定的输入参数算出对应的残余应力。然而实际加工中往往需要实现一定的残余应力分布，如何设定切削输入参数来获得这些所需的残余应力分布成为生产实际中调控残余应力面临的问题。从输入参数到输出残余应力间的关系是“多对一”的关系，即多种不同的输入参数的组合可能会得到相同的残余应力分布，由此从残余应力分布向输入参数的映射将是“一对多”的关系，利用预设的残余应力分布来计算输入参数将面临多解问题。本书引入的参数反演要解决的正是如何通过输出量来计算输入参数的问题，这个问题也是残余应力调控面临的问题。

3.2.1　正演和反演问题的概述

反演问题是“由果导因”的过程，当事物的结果可以通过观测得到时，可以利用这些结果来推导事物发展变化的起因，可概括为公式程序：数据→模型→模型参数的估算值，具体说来就是由事物的结果及某些一般原理（或模型）出发去确定表征问题的特征参数（或称模型参数）。

在反演问题中，始终认为正演问题是已知的。对某一物理问题的机理的认识程度影响正演问题的数学模型的建立，相应也会影响其反演问题的解决。一般来讲正演问题比较完善，其因果关系较为明确，而反演问题的解决更加困难，不仅反演结果的准确性依赖于正演模型的精确性，而且反演问题普遍存在多解性。

若设某个实验得到 N 个测量数据，用 N 维向量表示为 $\boldsymbol{d}$，模型参数用 M 维向量表示为 $\boldsymbol{m}$，则有

$$\begin{cases}\boldsymbol{d}=(d_1,d_2,\cdots,d_N)^{\mathrm{T}}\\ \boldsymbol{m}=(m_1,m_2,\cdots,m_M)^{\mathrm{T}}\end{cases}\tag{3.5}$$

模型与测量数据的函数关系用向量函数 $\boldsymbol{f}=(f_1,f_2,\cdots,f_L)^{\mathrm{T}}$ 表示，则反演问题的最一般的公式为

$$\boldsymbol{f}(\boldsymbol{d},\boldsymbol{m})=\boldsymbol{0}\tag{3.6}$$

若模型的函数是变量的线性函数，反演问题的公式可写成

$$\boldsymbol{f}\begin{pmatrix}\boldsymbol{d}\\ \boldsymbol{m}\end{pmatrix}=\boldsymbol{0}\tag{3.7}$$

$\boldsymbol{f}$ 为 $L\times(M+N)$ 阶矩阵，在许多情况下有可能将 $\boldsymbol{d}$ 和 $\boldsymbol{m}$ 分开，且 $L=N$，则式（3.7）可写成（傅淑芳 等，1998）

$$\boldsymbol{d}-g(\boldsymbol{m})=\boldsymbol{0}\tag{3.8}$$

当 g 也是线性函数时，有

$$d - Gm = 0 \tag{3.9}$$

式中：$\boldsymbol{G}$ 为系数矩阵。

式（3.9）为线性反演问题的一般数学形式，是反演问题最简单的表达形式，是离散反演的基础模型。线性反演是反演问题中应用最广、研究最为成熟的内容，本章研究的反演问题属于线性反演问题。

反演问题的主要内容有三方面：①解的适定性问题，包括解的存在性、唯一性及稳定性；②反演问题的求解方法；③反演问题的解的评价（傅淑芳 等，1998）。

对于线性反演问题，解的适定性问题中的存在性则是指线性方程式（3.9）是否有解，这与系数矩阵 $\boldsymbol{G}$ 的精确性，即模型函数是否能正确反映实际物理内容有关，也和观测数据 $\boldsymbol{d}$ 是否足够有关。解的唯一性是指式（3.9）是否有唯一解，实际上解的非唯一性是十分普遍的，有时可以通过增加附加条件来使解变得唯一。解的稳定性是指当观测数据 x^* 与实际数据 x 产生误差时，反演值 $f(x^*)$ 跟实际值 $f(x)$ 的误差情况，若 x^* 与 x 误差较小，且 $f(x^*)$ 与 $f(x)$ 的误差也较小，则说明反演问题是稳定的；反之则是不稳定的。

反演问题的求解方法是人们更关心的，反演研究中最大量的工作也是研究求解方法。一个反演问题虽然能被证明其解存在且唯一，但并不能说明有了求解方法，实际应用中也不一定要先解决适定性的问题才能求解。反演问题的求解方法因模型而异，对于线性反演问题，求解方法则是求解线性方程组式（3.9）。

反演问题的解的评价中两个重要标准是反演值与真实值的逼近程度及对数据误差的放大程度，直接影响这两个评价标准的是模型的精度，所以，建立正确反映物理实际的模型是获得精确反演解的前提。

3.2.2　切削加工残余应力研究中的反演问题

如果说 2.3 节开展的残余应力建模和机理分析属于正演问题，那么反演问题就是在残余应力已知的情况下求解相关输入量的问题，本书称为切削参数反演。借用控制框图的表示方法进行表示，如图 3.14 所示（基本变量已经进行解耦），正演问题是在已知切削输入量的情况下求解残余应力，而切削参数反演类似于一个反馈的过程。如果说正演解决了残余应力“可知”的问题，反演则要解决“可控”的问题，反演问题的引入使残余应力的研究从“开环”变成“闭环”，可见切削参数反演的研究对于人们认识和利用切削加工物理规律具有重要意义。

本书的反演工作是为实现一定的残余应力分布而开展的切削参数的计算，而 3.1 节对切削加工残余应力生成机理的分析，获知了对残余应力相关指标产生影响的各个基本变量，所以切削参数反演的研究承接了机理分析工作，是机理分析的运用。切削参数反演问题的建立，就是要明确从正演模型中选择哪个输出指标来反演计算哪个输入量。

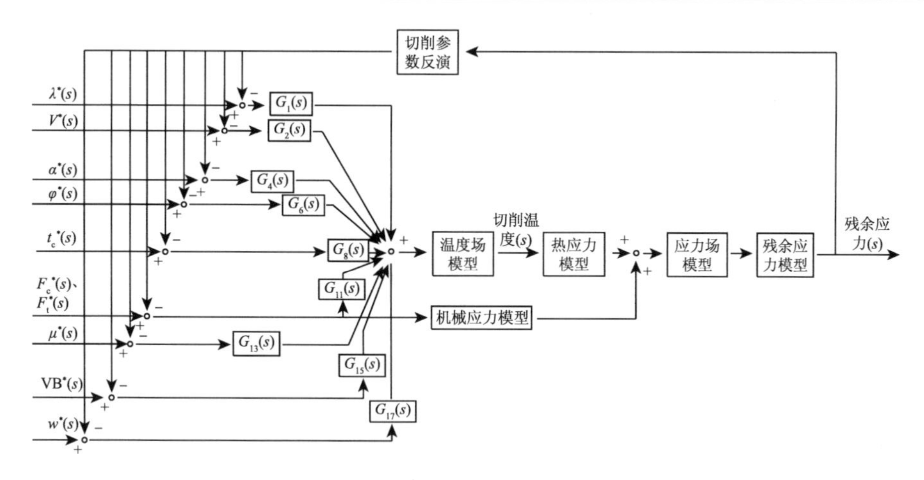

图 3.14　增加切削参数反演的输入输出回路框图（不计基本变量耦合）

根据高品质制造对零件高服役寿命的要求，对切削加工残余应力分布的要求为：① 较小的表面残余拉应力；②较大的内部最大残余压应力深度，以形成较厚的残余压应力“保护层”；③内部最大残余压应力也较大。因为本书的残余应力模型要依靠实验测量表面残余应力来确定残余应力计算的初始条件，而初始条件极大影响计算的残余应力曲线的幅值，所以模型还不具备独立预测残余应力幅值的功能，包括表面残余应力大小和内部最大残余压应力的大小。但是内部最大残余压应力深度 D_{rs} 与初始条件无关，模型可以不依赖于实验而独立进行 D_{rs} 的预测。因此，由于正演模型的功能限制，相应地，切削参数反演也只能针对一定的 D_{rs} 取值来反演相关切削参数的取值。

在明确了对 D_{rs} 的要求后，接下来要确定影响该指标的相关变量。根据 3.1 节机理分析的结果，从表 3.3 中选出对 D_{rs} 产生影响的相关基本变量：热导率 λ、剪切角 φ、切削深度 t_c 和切削速度 V，共四个。

确定了对 D_{rs} 产生影响的相关基本变量后，接下来要从中选定可控变量。可控变量是指能人为进行精确设定的变量，如切削速度、进给量、切削宽度、刀具前角等。因为同一工件材料的热导率 λ 不可改变，所以下面对可控变量的分析就不再讨论 λ。剔除 λ 之后，在剩下的 φ、t_c 和 V 中利用图 3.2 基本变量的耦合关系找出所有与之耦合的基本变量。α 通过和 φ 的耦合关系对 D_{rs} 产生影响，所以对 D_{rs} 产生影响的相关基本变量变为 α、φ、t_c 和 V。这四个基本变量对 D_{rs} 的影响既有直接影响，又有通过耦合作用产生的间接影响，结合表 3.3 和图 3.2，归纳如下：①α 对 D_{rs} 无直接作用，α 的间接作用为 $\alpha\uparrow\rightarrow\varphi\uparrow\rightarrow D_{rs}\downarrow$。②$\varphi$ 的直接作用为 $\varphi\uparrow\rightarrow D_{rs}\downarrow$，无间接作用。③$t_c$ 的直接作用为 $t_c\uparrow\rightarrow D_{rs}\uparrow$，$t_c$ 的间接作用为 $t_c\uparrow\rightarrow\varphi\uparrow\rightarrow D_{rs}\downarrow$，前面研究表明 t_c 的直接作用大于间接作用。④V 的直接作用为 $V\uparrow\rightarrow D_{rs}\downarrow$，$V$ 的间接作用为 $V\uparrow\rightarrow\varphi\uparrow\rightarrow D_{rs}\downarrow$。可见这四个基本变量对 D_{rs} 的直接影响和间接影响中没有出现相互削弱的情况，这为基本变量取值方向的确定提供了便利。其中由于剪切角 φ 不能人为进行设置，将其排除出可控变量；另外虽然刀具前角 α 能通过和 φ 的耦合对 D_{rs} 产生影响，但由于定制刀具成本高昂，本书也将其排除出可控变量。所以最终确定的对 D_{rs} 产生影响的可控变量为 t_c 和 V。

综上所述，本章研究的切削参数反演问题，就是根据 D_{rs} 的取值，反演出 t_c 和 V 的取值。

3.2.3 切削参数反演的数学表达式及求解

在明确了切削参数反演的问题后，接下来要建立反演的数学表达式并求解。本书研究的切削参数反演是将多变量解耦之后的，如图 3.14 所示，各基本变量对残余应力的作用相互独立，而且认为是线性叠加的。由此 t_c 和 V 产生的 D_{rs} 的增量 $\Delta D_{rs}^{t_c}$ 和 ΔD_{rs}^{V} 对 D_{rs} 增量的作用将是线性叠加：

$$\Delta D_{rs} = \Delta D_{rs}^{t_c} + \Delta D_{rs}^{V} \tag{3.10}$$

其中

$$\begin{cases} \Delta D_{rs}^{t_c} = D_{rs}(t_c) - H(t_{c0}, V_0) \\ \Delta D_{rs}^{V} = D_{rs}(V) - H(t_{c0}, V_0) \end{cases} \tag{3.11}$$

$H(t_{c0},V_0)$ 表示对 t_c 和 V 取初值 t_{c0} 和 V_0 时的残余应力深度，用残余应力解析模型来计算，$D_{rs}(t_c)$ 和 $D_{rs}(V)$ 分别表示单独改变 t_c 和 V 时的残余应力深度，$\Delta D_{rs}^{t_c}$ 和 ΔD_{rs}^{V} 分别表示单独改变 t_c 和 V 时带来的 D_{rs} 增量。注意到 $D_{rs}(t_c)$ 和 $D_{rs}(V)$ 的计算式不同于 $H(t_{c0},V_0)$ 用残余应力模型计算，这样做的原因将在下面进行讨论。ΔD_{rs} 为 D_{rs} 的增量，又可以表示为

$$\Delta D_{rs} = D_{rs} - H(t_{c0}, V_0) \tag{3.12}$$

式中：D_{rs} 为内部最大残余压应力深度。

将以上变量均视作模型参数，用矩阵表示式（3.10）~式（3.12）的等式关系为

$$\begin{pmatrix} \Delta D_{rs} & \Delta D_{rs}^{t_c} & \Delta D_{rs}^{V} & D_{rs} & D_{rs}(t_c) & D_{rs}(V) & H(t_{c0},V_0) & \text{常数项} \\ 1 & -1 & -1 & 0 & 0 & 0 & 0 & 0 \\ 0 & 1 & 0 & 0 & -1 & 0 & 1 & 0 \\ 0 & 0 & 1 & 0 & 0 & -1 & 1 & 0 \\ 1 & 0 & 0 & -1 & 0 & 0 & 1 & 0 \end{pmatrix} \tag{3.13}$$

按照线性反演的一般数学表达式（3.9）的形式，式（3.13）可写成

$$\begin{pmatrix} 1 & -1 & -1 & 0 & 0 & 0 & 0 \\ 0 & 1 & 0 & 0 & -1 & 0 & 1 \\ 0 & 0 & 1 & 0 & 0 & -1 & 1 \\ 1 & 0 & 0 & -1 & 0 & 0 & 1 \end{pmatrix} \begin{pmatrix} \Delta D_{rs} \\ \Delta D_{rs}^{t_c} \\ \Delta D_{rs}^{V} \\ D_{rs} \\ D_{rs}(t_c) \\ D_{rs}(V) \\ H(t_{c0},V_0) \end{pmatrix} = \begin{pmatrix} 0 \\ 0 \\ 0 \\ 0 \end{pmatrix} \tag{3.14}$$

可见该线性方程组系数矩阵和增广矩阵的秩相同，方程组数量少于未知数的数量，说明方程组有解且有无限多解，正体现了反演问题普遍存在的多解现象。观测数据矩阵

$\boldsymbol{d}$ 为零向量，说明没有观测数据。为使式（3.14）有唯一解，根据反演理论的要求，需要适当增加附加条件。因为式（3.13）中方程数量比未知数的数量少 2，所以应增加的附加条件为两个。

（1）因为反演的要求是在给定的 D_{rs} 取值下算出 t_{c} 和 V 的取值，所以 D_{rs} 要是已知的，设为

$$D_{\mathrm{rs}}=C_0 \tag{3.15}$$

（2）注意在式（3.14）中并没有出现最终反演要求出的 t_{c} 和 V，但在知道 $D_{\mathrm{rs}}(t_{\mathrm{c}})$ 和 $D_{\mathrm{rs}}(V)$ 的取值后，t_{c} 和 V 可分别算出。为求出 $D_{\mathrm{rs}}(t_{\mathrm{c}})$ 和 $D_{\mathrm{rs}}(V)$，根据式（3.11），需要知道 $\Delta D_{\mathrm{rs}}^{t_{\mathrm{c}}}$ 和 $\Delta D_{\mathrm{rs}}^{V}$ 的取值，所以要增加如下附加条件：

$$\Delta D_{\mathrm{rs}}^{t_{\mathrm{c}}}=C_1(\text{或}\Delta D_{\mathrm{rs}}^{V}=C_2) \tag{3.16}$$

其中，$\Delta D_{\mathrm{rs}}^{t_{\mathrm{c}}}=C_1$ 和 $\Delta D_{\mathrm{rs}}^{V}=C_2$ 可以任取一个，另外一个可以算出，本章的讨论取 $\Delta D_{\mathrm{rs}}^{t_{\mathrm{c}}}=C_1$。本书称式（3.15）、式（3.16）为附加条件，其中常数 C_1、C_2 和 C_3 的取值可以人为设定，将在下面进行讨论。

联立式（3.13）和式（3.15）、式（3.16），写成矩阵的形式为

$$\begin{pmatrix} \Delta D_{\mathrm{rs}} & \Delta D_{\mathrm{rs}}^{t_{\mathrm{c}}} & \Delta D_{\mathrm{rs}}^{V} & D_{\mathrm{rs}} & D_{\mathrm{rs}}(t_{\mathrm{c}}) & D_{\mathrm{rs}}(V) & H(t_{\mathrm{c}0},V_0) & \text{常数项} \\ 1 & -1 & -1 & 0 & 0 & 0 & 0 & 0 \\ 0 & 1 & 0 & 0 & -1 & 0 & 1 & 0 \\ 0 & 0 & 1 & 0 & 0 & -1 & 1 & 0 \\ 1 & 0 & 0 & -1 & 0 & 0 & 1 & 0 \\ 0 & 0 & 0 & 1 & 0 & 0 & 0 & C_0 \\ 0 & 1 & 0 & 0 & 0 & 0 & 0 & C_1 \end{pmatrix} \tag{3.17}$$

用式（3.9）的形式表示为

$$\begin{pmatrix} 1 & -1 & -1 & 0 & 0 & 0 & 0 \\ 0 & 1 & 0 & 0 & -1 & 0 & 1 \\ 0 & 0 & 1 & 0 & 0 & -1 & 1 \\ 1 & 0 & 0 & -1 & 0 & 0 & 1 \\ 0 & 0 & 0 & 1 & 0 & 0 & 0 \\ 0 & 1 & 0 & 0 & 0 & 0 & 0 \end{pmatrix}\begin{pmatrix} \Delta D_{\mathrm{rs}} \\ \Delta D_{\mathrm{rs}}^{t_{\mathrm{c}}} \\ \Delta D_{\mathrm{rs}}^{V} \\ D_{\mathrm{rs}} \\ D_{\mathrm{rs}}(t_{\mathrm{c}}) \\ D_{\mathrm{rs}}(V) \\ H(t_{\mathrm{c}0},V_0) \end{pmatrix}=\begin{pmatrix} 0 \\ 0 \\ 0 \\ 0 \\ C_0 \\ C_1 \end{pmatrix} \tag{3.18}$$

可见观测数据矩阵 $\boldsymbol{d}$ 不再为零，说明具有了观测数据。线性方程组（3.18）的系数矩阵和增广矩阵的秩相同，方程组数量等于未知数的数量，方程组有唯一解。

对本书而言，切削参数反演就是要求解式（3.18），再将求出的 $D_{\mathrm{rs}}(t_{\mathrm{c}})$ 和 $D_{\mathrm{rs}}(V)$，分别代入 t_{c} 和 V 与 D_{rs} 的拟合式，求出 t_{c} 和 V。为方便讨论，将这两个拟合式分别写成如下形式：

$$D_{\mathrm{rs}}(t_{\mathrm{c}})=74.3\mathrm{e}^{1.945t_{\mathrm{c}}}-50.43\mathrm{e}^{-7.369t_{\mathrm{c}}} \tag{3.19}$$

$$D_{\mathrm{rs}}(V)=128\mathrm{e}^{-0.04012V}+65.15\mathrm{e}^{-0.002407V} \tag{3.20}$$

本节前面提到“本书研究的切削参数反演是将多变量解耦之后的”，这也体现在运用

式（3.19）和式（3.20）来计算 t_c 和 V 上，因为这两个式子是解耦之后的拟合结果，所以反演出来的 t_c 和 V 也是解耦之后的解。

附加条件则是指式（3.15）和式（3.16），它们作为切削参数反演数学表达式中的重要已知条件（观测数据），决定着反演问题的解的唯一性，在反演中具有重要地位，下面分别进行讨论。

式（3.15）中的 C_1 为要求的内部最大残余压应力深度，该值要人为进行设定。一般说来，较大的 D_{rs} 值能增大残余压应力“保护层”的深度，有利于延长零件抗腐蚀疲劳寿命。至于 D_{rs} 取何值最有利于延长服役寿命，则需要用腐蚀疲劳评价的手段来做出判断，这不在本书的研究范围内，本书只对某一 D_{rs} 的取值给出反演的方法，其他取值的反演方法类似。

初值 $H(t_{c0},V_0)$ 的确定需要根据 t_c 和 V 的初值 t_{c0} 和 V_0 用残余应力模型计算出来，而 t_{c0} 和 V_0 的取值则用多变量解耦研究中的取值。例如，为得出拟合函数式（3.19），将 V 固定为 V_0=60 m/min；为得出拟合函数式（3.20），将 t_c 固定为 t_{c0}=0.11 mm。计算初值 $H(t_{c0},V_0)$ 所用的 t_{c0} 和 V_0 为以上这两个值。注意到在讨论式（3.11）时，$D_{rs}(t_c)$ 和 $D_{rs}(V)$ 的计算式不同于 $H(t_{c0},V_0)$，这主要是为了将 D_{rs} 的计算简化，简化成 t_c 和 V 的拟合函数后，D_{rs} 将只是单个变量 t_c 或 V 的函数，这会给反演带来很大便利，因为在得知 $D_{rs}(t_c)$ 和 $D_{rs}(V)$ 的取值后，很容易算出 t_c 和 V。当然，这种便利的代价是在利用反演出的 t_c 和 V 使用残余应力解析模型计算 D_{rs} 时产生误差，因为反演出的 t_c 和 V 组合不是原先计算拟合曲线时式（3.19）和式（3.20）的组合。这个问题的实质是用原先的 t_c 和 V 组合的 D_{rs} 拟合曲线去近似代替未知的反演出来的 t_c 和 V 组合的 D_{rs} 拟合曲线。本书为了研究方便，做了这样的简化，依据是认为不同的 t_c 和 V 组合的 D_{rs} 拟合曲线函数大致相同，当原先的 t_c 和 V 组合与求出的组合差别不大时，拟合曲线产生的差别也不大。当然，为了提高 t_c 和 V 的反演精度，可以用反演出来的 t_c 和 V 组合再次拟合出与 D_{rs} 的函数，经过多次迭代后，原先的 t_c 和 V 组合的 D_{rs} 拟合曲线就越来越靠近反演出来的 t_c 和 V 组合的 D_{rs} 拟合曲线。

式（3.16）的内容本书称为 D_{rs} 增量 ΔD_{rs} 在 $D_{rs}(t_c)$ 和 $D_{rs}(V)$ 间的分配，不同的分配值将会产生不同的 t_c 和 V 组合。根据式（3.19）和式（3.20），当 $\Delta D_{rs}^{t_c}$ 的分配值较大时，由式（3.18）计算出的 $D_{rs}(t_c)$ 将较大，算出的 t_c 将较大，相应 ΔD_{rs}^{V} 的分配值就会减小，计算出的 $D_{rs}(V)$ 也将较小，算出的 V 将较大；反之亦然。简单概括起来，就是“大 t_c 与大 V 组合，小 t_c 与小 V 组合”。具体分配值可以灵活安排，在精加工中为提高表面粗糙度常常需要较小的 t_c，这时可以减小分配给 $\Delta D_{rs}^{t_c}$ 的增量，可以利用式（3.19）预估所需的 t_c 值对应的 D_{rs} 来确定 $\Delta D_{rs}^{t_c}$，较小的 t_c 对应较小的 V；当对表面粗糙度要求不高时，可适当增加分配给 $\Delta D_{rs}^{t_c}$ 的增量，算出的 t_c 将会较大，V 也变大，有利于提高生产效率。

通过求解式（3.18），$D_{rs}(t_c)$ 和 $D_{rs}(V)$ 可以用 $H(t_{c0},V_0)$、C_0 和 C_1 来表达，如式（3.21）所示。可以看到，若将 C_0 视作常数，C_1 则可视作变量，$D_{rs}(t_c)$ 和 $D_{rs}(V)$ 将会是 C_1 的函数，用图线表示见图 3.15。若绘制一条竖直的线，与两条斜线相交于 A、B 两点，与水平线相交于 D 点，这些交点代表着在 C_1 取某值时 $D_{rs}(t_c)$ 和 $D_{rs}(V)$ 的解，这样可以直观表达出式（3.21）的解。

$$\begin{cases} D_{rs}(t_c)=H(t_{c0},V_0)+C_1 \\ D_{rs}(V)=C_0-C_1 \end{cases} \tag{3.21}$$

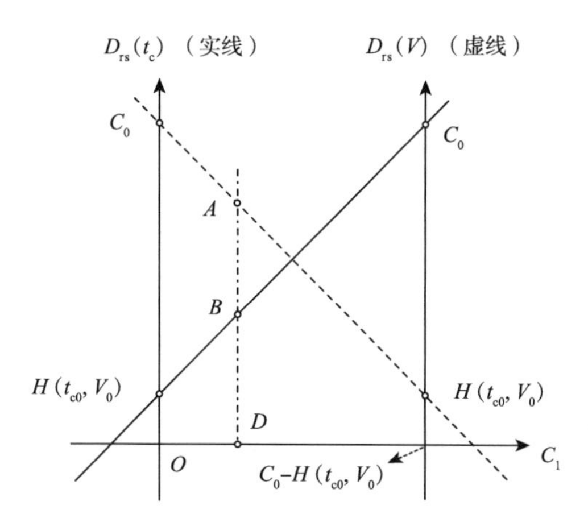

图 3.15　$D_{rs}(t_c)$ 和 $D_{rs}(V)$ 与 C_1 的函数关系

为求解反演数学式（3.18），t_c 和 V 取初值 t_{c0}=0.11 mm，V_0=60 m/min，用残余应力模型算出式（3.18）中的常数 $H(t_{c0},V_0)$=79 μm，计算的残余应力曲线和实验结果如图 3.16 所示。设定要求达到的最大残余压应力深度为 $D_{rs}=C_1=100$ μm，此时算出 $\Delta D_{rs}=D_{rs}-H(t_{c0},V_0)$=21 μm，剩下的常数 $\Delta D_{rs}^{t_c}=C_1$ 的赋值分四种情况：①ΔD_{rs} 单独分配给 $\Delta D_{rs}^{t_c}$ 时，有 $\Delta D_{rs}^{t_c}=C_1=21\,\mu\text{m}$，$\Delta D_{rs}^{V}=0$；②$\Delta D_{rs}$ 不分配给 $\Delta D_{rs}^{t_c}$ 时，有 $\Delta D_{rs}^{t_c}$=C_1=0，$\Delta D_{rs}^{V}=21\,\mu\text{m}$；③$\Delta D_{rs}$ 平均分配给 $\Delta D_{rs}^{t_c}$ 和 ΔD_{rs}^{V} 时，有 $\Delta D_{rs}^{t_c}=C_1=10.5\,\mu\text{m}$，$\Delta D_{rs}^{V}=10.5\,\mu\text{m}$；④$\Delta D_{rs}$ 随意分配给 $\Delta D_{rs}^{t_c}$ 和 ΔD_{rs}^{V} 时，取 $\Delta D_{rs}^{t_c}=C_1=16\,\mu\text{m}$，$\Delta D_{rs}^{V}=5\,\mu\text{m}$。

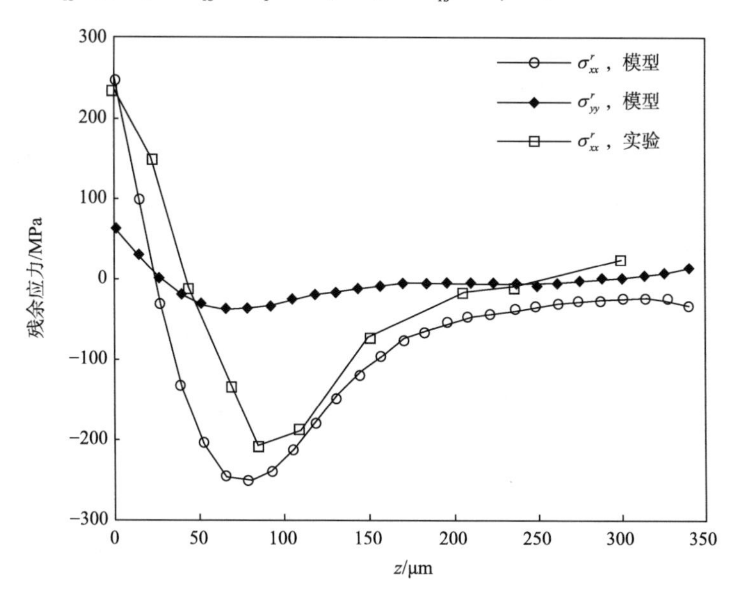

图 3.16　t_c 和 V 取初值（t_{c0}=0.11 mm，V_0=60 m/min）时计算和实验的残余应力曲线

根据以上赋值，计算式（3.18），得出四组 $D_{rs}(t_c)$ 和 $D_{rs}(V)$ 的解：① $D_{rs}(t_c)=100$ μm，$D_{rs}(V)=0$；② $D_{rs}(t_c)=0$，$D_{rs}(V)=100$ μm；③ $D_{rs}(t_c)=89.5$ μm，$D_{rs}(V)=89.5$ μm；④ $D_{rs}(t_c)=95$ μm，$D_{rs}(V)=84$ μm。

最后，利用式（3.19）和式（3.20）计算出 t_c 和 V，分别为：① $t_c=0.207$ mm，$V=60$ m/min；② $t_c=0.11$ mm，$V=29.42$ m/min；③ $t_c=0.172$ mm，$V=36.3$ m/min；④ $t_c=0.19$ mm，$V=40.7$ m/min。

利用算出的这四组 t_c 和 V 组合（其他输入参数用有限元仿真得出），使用残余应力模型算出的残余应力曲线和实验测量曲线如图 3.17 所示，可见利用反演出的 t_c 和 V 的取值计算的残余应力曲线体现出的最大残余压应力深度出现在 100~108 μm 的位置，和反演前的设定值 100 μm 比较接近，且和实验测量曲线反映出的 D_{rs} 符合得较好。在误差范围内，切削参数反演的结果体现了多变量解耦的加工机理分析结果的正确性，该方法为指导切削参数的选择，减小试切次数选择提供了思路。

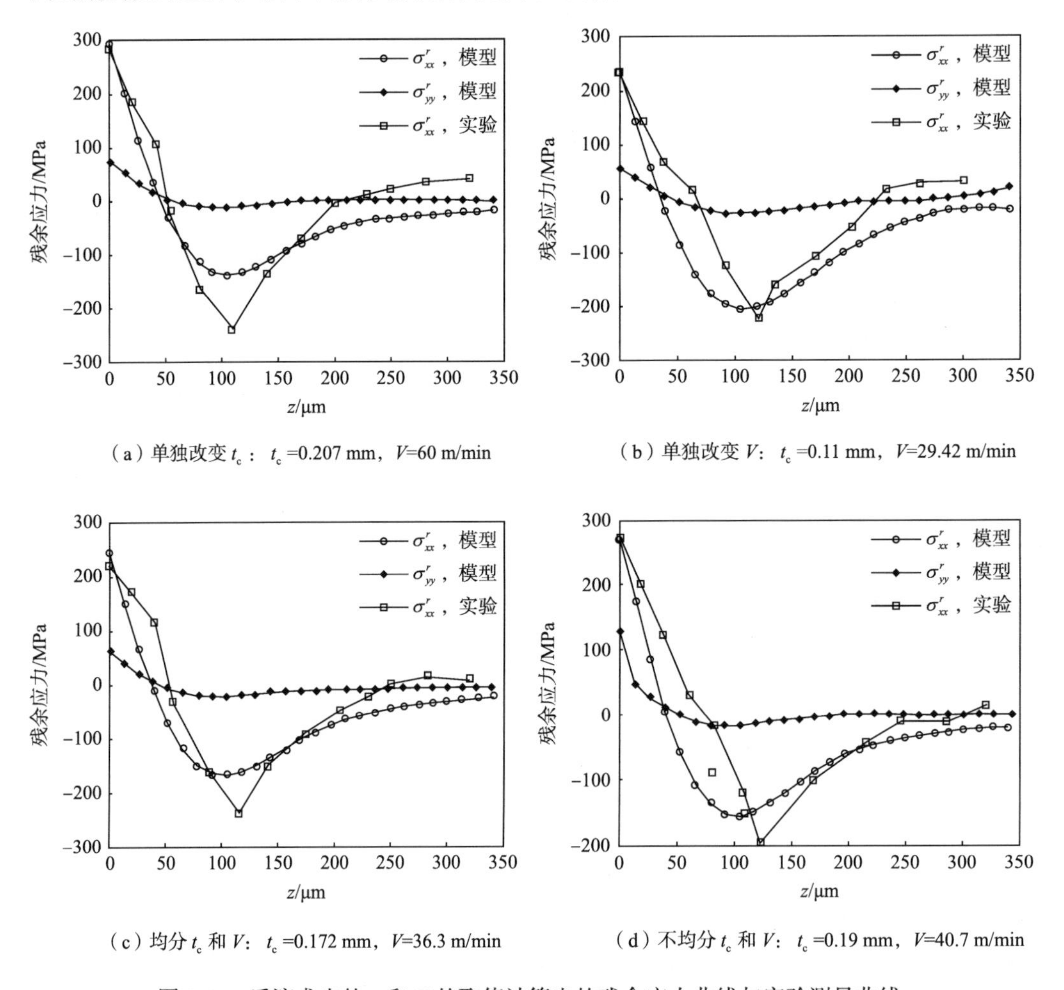

（a）单独改变 t_c：$t_c=0.207$ mm，$V=60$ m/min

（b）单独改变 V：$t_c=0.11$ mm，$V=29.42$ m/min

（c）均分 t_c 和 V：$t_c=0.172$ mm，$V=36.3$ m/min

（d）不均分 t_c 和 V：$t_c=0.19$ mm，$V=40.7$ m/min

图 3.17　反演求出的 t_c 和 V 的取值计算出的残余应力曲线与实验测量曲线

3.2.4　参数反演的误差分析

切削参数反演的误差来源分析属于反演的三大内容里的解的评价内容，反演误差包括利用反演出的 t_c 和 V 计算出的 D_{rs} 与设定的 D_{rs} 的误差，以及计算出的 D_{rs} 与实验结果的误差，这些误差来源主要有以下几点。

（1）线性叠加产生的误差。因为线性反演是应用最广泛的反演方法，许多反演问题可以近似视为线性反演，所以在尚未知道 t_c 和 V 的增量对 D_{rs} 的共同影响是否是线性影响的情况下，本章在推导切削参数反演的数学表达式时，在式（3.10）中将 t_c 和 V 的增量对 D_{rs} 的共同影响视作线性叠加的过程，但实际中这一共同影响是否是线性叠加有待研究，线性化将是反演误差可能的来源之一。

（2）正演模型的误差，在本书中是指残余应力解析模型的误差，任何正演模型中的误差均会反映到反演中来。

（3）正演模型简化带来的误差，本书中是指拟合曲线产生的误差。这类误差主要是指式（3.19）和式（3.20）的拟合精度，减小这类误差的办法是增加计算的数据点，使拟合曲线更精确。

（4）用已知的拟合函数曲线代替未知的拟合函数曲线产生的误差。这个问题是指在 3.2.3 节讨论的用原先的 t_c 和 V 组合的 D_{rs} 拟合曲线去近似代替未知的反演出来的 t_c 和 V 组合的 D_{rs} 拟合曲线，用于计算 t_c 和 V。减小这类误差的办法是用反演出来的 t_c 和 V 组合再次拟合出与 D_{rs} 的函数，经过多次迭代后，原先的 t_c 和 V 组合的 D_{rs} 拟合曲线就越来越靠近反演出来的 t_c 和 V 组合的 D_{rs} 拟合曲线。

（5）多变量解耦后产生的误差。在建立切削参数反演的数学表达式时，因为目前对基本变量间的耦合函数关系尚未有精确的研究结果，所以本书将基本变量进行了解耦，各个基本变量独立地对输出产生影响。这样的解耦必然和实际切削中基本变量相耦合的现象相悖，本书认为这类误差是用反演出的 t_c 和 V 计算出的 D_{rs} 与实验结果的误差的重要来源之一。减小这类误差的办法是加强研究基本变量间的耦合函数关系，得出较精确的耦合函数式来改进残余应力模型。

作为一种初步的调控残余应力的方法，本书提出的切削参数反演存在的这些众多误差有待后续进一步研究，以获得更精确的反演结果。

3.3　多变量解耦和参数反演的应用前景

众所周知，限于目前的测量水平和残余应力本身的特性，残余应力的精确测量还存在诸多困难，显著的测量偏差给定量分析带来较大困难，因此，本书采用的多变量解耦的机理分析方法，从定性分析的角度避免了定量测量误差对机理分析的影响，进一步推进了残余应力的研究。同时，该机理分析方法可以推广到其他学科具有耦合效应的物理过程的机理分析中来，为人们进一步认识物理世界提供了较为有效的工具。

基于参数反演的残余应力调控，实际上只是反演方法在输出量的调控中应用的一个特例，本书认为，参数反演可用于其他学科对输出量的调控中，如调控残余应变，可用于焊接、磨削、喷丸、激光加工等加工方法。对于特定的输出量，与其相关的输入参数间的效应可认为是线性叠加的，由此可用线性反演的方法调控输出量。为此，将 3.2 节的线性反演重新整理成如下一般化的表达方式。

（1）指定所要调控的输出量，用 O 表示，并找出对应的输入参数，用 A_i（i=1，2，3，…，n，n 为对应输入参数的总个数）表示。

（2）设定 A_i 的参考值，用 a_{10}，a_{20}，…，a_{i0}，…，a_{n0} 表示，采用理论模型或实验测量得出该参考值下对应的输出量 O 的参考值，用 H（a_{10}，a_{20}，…，a_{i0}，…，a_{n0}）表示。然后建立输出量 O 随输入参数 A_i 变化的一元拟合函数，用 $O(A_i)$ 表示［类似式（3.19）和式（3.20）］。

（3）利用前两个步骤的结果，可以建立输入参数引起输出量的增量间的关系，如式（3.22）~式（3.24）所示［类似式（3.10）~式（3.12）］。

$$\Delta O = \sum_{i=1}^{n} \Delta O^{A_i} \tag{3.22}$$

$$\Delta O^{A_i} = O(A_i) - H(a_{10}, a_{20}, \cdots, a_{i0}, \cdots a_{n0}) \tag{3.23}$$

$$\Delta O = O - H(a_{10}, a_{20}, \cdots, a_{i0}, \cdots, a_{n0}) \tag{3.24}$$

在这些方程中，参数 ΔO^{A_i} 代表输入参数 A_i 引起的输出量 O 的变化量，总个数为 n，$O(A_i)$ 的总数目也为 n，均为未知量，另外两个未知参数为 ΔO 和 O，故式（3.22）~式（3.24）的未知量总数为 $2n+2$，但是方程总数为 $n+2$［其中，式（3.23）中方程数量为 n］。因此，式（3.22）~式（3.24）有无穷多解。为计算 $O(A_i)$，需要增加附加条件。

（4）类似式（3.15）和式（3.16）的讨论，为计算 $O(A_i)$，需要增加附加条件。所需的输出量 O 应该为已知量，如式（3.25）所示，输入参数 A_i 引起的 O 的增量可人为指定，如式（3.26）所示。

$$O=C_0 \tag{3.25}$$

$$\Delta O^{A_i} = C_i \quad (i = 1, 2, \cdots, n-1) \tag{3.26}$$

式（3.25）和式（3.26）中方程的总数为 n［其中，式（3.26）中方程数量为 $n-1$］。

加上附加条件后，式（3.22）~式（3.26）中方程总数为 $2n+2$，等于未知参数的数目。这些线性方程组可以写成矩阵的形式，类似式（3.18）。从这些方程组中，可以求出 $O(A_i)$，最后可以用第（2）步中 O 和 A_i 的拟合函数求出所有输入参数 A_i。

第 4 章　基于贝叶斯模型的精密测量与状态识别

切削加工过程中表面残余应力和温度场对于加工表面质量具有重要影响。残余应力是评价加工表面质量的重要参数之一；而精确地测量出切削过程中的温度场是理解切削机理的关键要素。精密地测量表面残余应力和温度场具有多个挑战。当利用 X 射线法测量残余应力时，残余应力测量仪经常会出现测量失败的现象，而切削温度场受到高温-大应变相互耦合、梯度大、变化率大、测量区域小、测量环境复杂等干扰因素的影响。本章以镍铝青铜材料为研究对象，针对该材料在切削加工过程中的残余应力和温度场的测量问题进行研究。

4.1　基于 X 射线的镍铝青铜材料组织构成测量

目前采用射线法测量残余应力的测量仪是基于弹塑性理论和布拉格衍射定律的，射线源可以是中子射线或 X 射线，其中 X 射线采用得较多。射线法测量的应力的计算式（Zhang，2007；Lv，2007a）为

$$\sigma=K\cdot M \tag{4.1}$$

式中：σ 为应力值；K 为应力常数，它可以通过实验确定或理论计算得到，$K=-\dfrac{E}{2(1+v)\cot\theta_{\mathrm{B}}(\pi/180)}$（$E$ 为材料的杨氏模量，v 为泊松比）；$M=\dfrac{\partial 2\theta_{\mathrm{B}}}{\partial \sin^2 \Psi}$（$\Psi$ 为衍射晶面方位角，$2\theta_{\mathrm{B}}$ 为对应于各 Ψ 角的布拉格衍射角测量值）。

可见 M 是 $2\theta_{\mathrm{B}}$ 随 $\sin^2\Psi$ 变化的斜率，反映了晶面间距 d 随衍射晶面方位角 Ψ 的变化趋势和急缓程度。当 $2\theta_{\mathrm{B}}$ 随 $\sin^2\Psi$ 的增大而增大时，说明 d 随之减小，残余应力是压应力；反之，当 $2\theta_{\mathrm{B}}$ 随 $\sin^2\Psi$ 的增大而减小时，说明 d 随之增大，残余应力是拉应力。

采用射线衍射的方法测量残余应力最重要的一步是从所选择的衍射峰中识别出布拉格衍射角 $2\theta_{\mathrm{B}}$。当前采用该测量方法的仪器制造商，通常利用半宽高法、抛物线法及重心定峰法等来确定布拉格衍射角 $2\theta_{\mathrm{B}}$（Lv，2007b）。对于传统的铁基材料，这些方法是有效的。但对于镍铝青铜合金材料，其 X 射线衍射曲线所包含的噪声比传统的铁基材料要高。因为材料的 X 射线衍射曲线是材料衍射曲线和仪器函数的卷积（O'Haver，2015），

镍铝青铜材料的衍射曲线中的高噪声严重扭曲了最终的衍射图谱，从而改变了衍射峰的位置、高度和半宽高，这将对布拉格衍射角的辨识产生影响。当前的 X 射线应力测量仪几乎没有考虑这种高噪声的不利影响。因此，当传统的残余应力测量方法用于镍铝青铜等新材料的应力测量时，这些方法的提出会产生较大的布拉格衍射角识别误差，进而导致 X 射线应力测量中的较大随机扰动。这是用 X 射线法测量残余应力经常导致测量失败的最关键原因。

因为贝叶斯方法不仅能够得到未知参数的无偏估计，而且能获得其后验概率分布函数（probability distribution function，PDF），所以越来越多的研究人员提出了基于贝叶斯统计的 Rietveld 方法。利用贝叶斯理论，David 提出了一个鲁棒性的 Rietveld 方法，能够从含许多杂质的粉末衍射图案中提取可靠的结构参数（David，2001）。考虑到实验衍射数据服从泊松分布，Bergmann 等（2010）使用贝叶斯方法来解决 Rietveld 精修中的有偏估计问题。Hogg 等（2012）提出了一个基于非稳态平方指数协方差函数的贝叶斯方法，来降低 X 射线-中子散射曲线的泊松噪声。通过将贝叶斯思想融入 Rietveld 方法，Wiessner 等（2014）最近提出了一个新方法，来从测量的衍射数据中识别精修参数的后验 PDF。

1. 残余应力测量的相关基本知识

当前大多数金属材料属于三种类型的晶胞结构：体心立方、面心立方和密排立方。根据金属材料晶体学，晶体是由原子在三维空间中周期地排列的图样；空间点阵是对晶体中质点排列规律的抽象。晶胞是指空间点阵中能够代表点阵规律的最小几何体。因为晶体中的原子是规则排列的，所以总可以在其中按照不同的取向找到许多组相互平行的、间距相等的、由原子组成的平面，这就是晶面。晶面指数（或叫米勒指数）反映了晶面在点阵中的取向，一般记为（*hkl*），如（100）、（111）、（211）、（220）、（311）等。晶面指数不同，说明晶面在点阵中的取向不同，对应的晶面间距和节点密度也不同。对于立方晶系，如果晶胞边长为 b，则（*hkl*）晶面的晶面间距 d 为

$$d = \frac{b}{\sqrt{h^2 + k^2 + l^2}} \tag{4.2}$$

晶体又分为单晶体和多晶体。单晶体是指以一个晶核为起点，原子按照一定的空间点阵花样，在三维空间连续排列，直至生成外形规则或不规则的整块材料。在单晶体中，晶体学方向是一致的。如果结晶时有许许多多晶核，每个晶核都生长为一个小单晶，叫作晶粒；许许多多晶粒借助晶界组合为一块材料，就成为多晶体。当多晶体中各个晶粒的晶体方向充分紊乱时，材料就称为无织构材料；如果有一定的择优取向，即某指定的（*hkl*）晶面的法线在空间某些方向分布较多，而在另外一些方向较少，这就是织构材料。一般来说，对于无织构材料，X 射线法测量残余应力的精度较高；相反，对于织构材料，X 射线的衍射图受到的干扰较大，测量精度低。

X 射线法测量残余应力的基本公式基于描述 X 射线衍射规律的布拉格方程：

注：本章符号与第 2、3 章相同的情况下，按其在本章第一次出现时的解释。

$$2d\sin\theta = n\lambda \tag{4.3}$$

式中：λ 为入射到晶体上的 X 射线波长；d 为该晶体的晶面间距；θ 为入射和反射的掠角，即布拉格角；n 为整数，称为干涉级数。

当晶体中存在应力时，必然伴随着应变的变化，而应变又可以通过晶面间距 d 的变化反映出来。因此，X 射线法测量残余应力的基本过程是：用已知波长 λ 的 X 射线去照射晶体，且布拉格角 θ 可通过仪器测量得出，然后根据布拉格方程计算晶面间距 d，最后得出相应的应变和应力。

2. 实验设置及结果

当需要对某种未知材料制备的工件采用 X 射线法测量残余应力时，由于缺少该材料的晶体结构信息，测量时往往无法确定采用何种靶材，也无法确定 X 射线应力测定仪的扫描范围等相关参数。在这种情况下，需要首先设计两个寻峰实验：以较宽的 2θ 扫描范围对测量工件进行 X 射线扫描，通过观察其衍射峰，分析该工件材料的组织构成，然后确定上面的设置参数。实验中采用爱斯特应力技术有限公司的 X-350A 型 X 射线应力测定仪，实验照片如图 4.1 所示。

图 4.1　实验照片

实验中利用 Cr 靶产生 X 射线。实验一中加上滤波片，此时衍射峰中只有 Kα 的辐射峰存在；实验二中没有滤波片，因此衍射线中会同时存在 Kα 和 Kβ 的辐射峰。两次实验的参数设置如表 4.1 所示。

表 4.1　两次实验的参数设置

次数	有无滤波片	实验参数设置	备注
实验一	有滤波片	靶材为 Cr； 2θ 扫描范围为 169°~120°； 步距为 0.1°； 计数时间为 0.5 s； 计数量程为 2 000； 晶体管电压为 28.3 kV，电流为 8 mA	只有 Kα 的辐射峰存在
实验二	无滤波片	计数量程为 10 000； 其他项设置与实验一相同	Kα 和 Kβ 的辐射峰都存在

两次实验结果的衍射峰图像如图 4.2 所示。

从图 4.2 中可以看出，图 4.2（a）中出现两个峰值，所对应的 2θ 值分别为 151°和 124.5°；图 4.2（b）中出现四个峰值，所对应的 2θ 值分别为 161°、151°、142°和 124.5°。

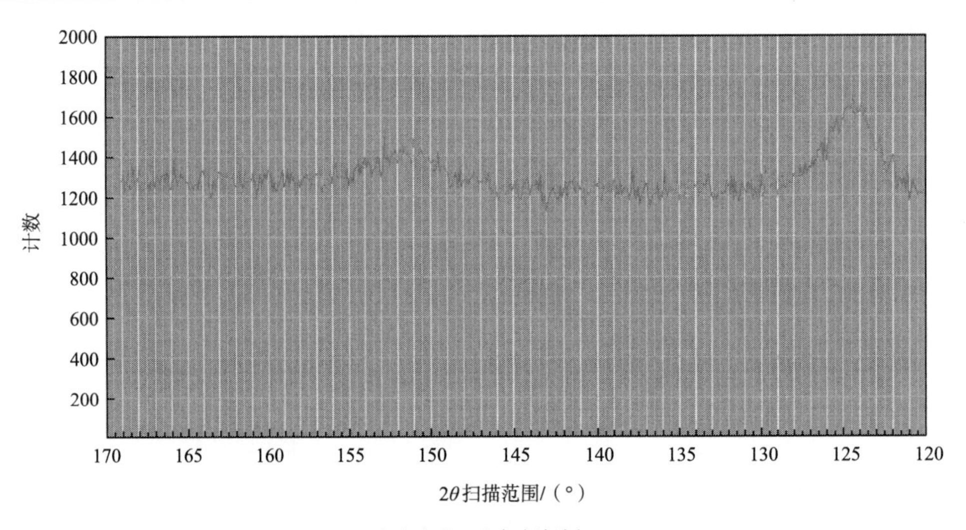

（a）实验一（有滤波片）

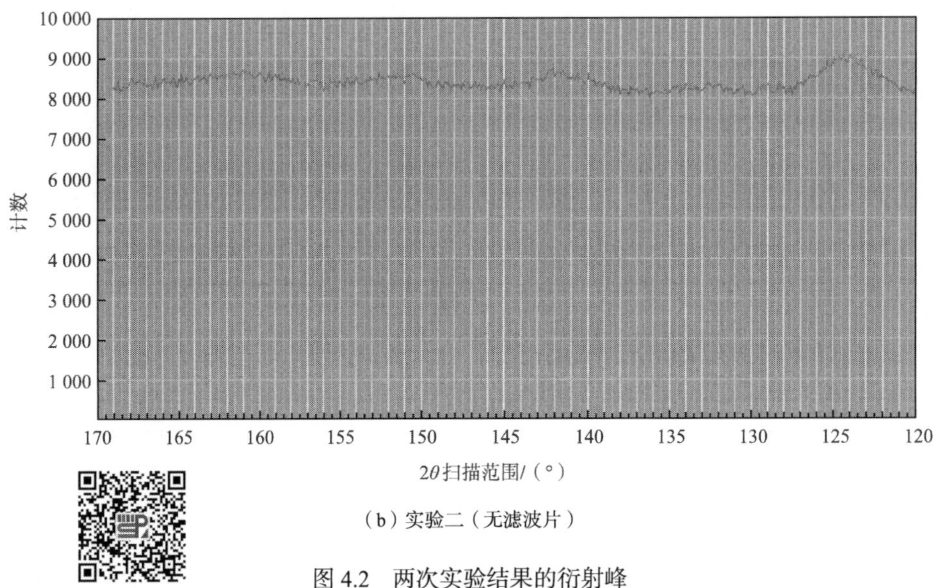

（b）实验二（无滤波片）

图 4.2　两次实验结果的衍射峰

151°和 124.5°两个峰值是 Kα 的辐射峰；而 161°和 142°两个峰值是 Kβ 的辐射峰。

根据这些 X 射线衍射图，下面对镍铝青铜的材料组织构成进行定性分析，并进行理论验证，然后再对各相的含量进行定量分析。

4.1.1　镍铝青铜金相组织定性分析

1. 经验推断分析

通过 X 射线衍射图谱来定性分析材料的组织，主要是采用经验法进行类比。下面根据已有的经验来推断镍铝青铜合金的晶体结构。

推论一：首先对实验一的结果进行分析。图 4.2（a）中出现了 151°和 124.5°两个辐射峰。根据测量经验，α-Fe 体心立方晶胞的 221 晶面所对应的辐射峰 2θ 角为 156°，而 γ-Fe 面心立方晶胞的 220 晶面所对应的辐射峰 2θ 角为 129°。所以可以推测出，图 4.2（a）中的 151°衍射峰对应镍铝青铜合金的体心立方晶胞的 221 晶面，124.5°衍射峰对应于面心立方晶胞的 220 晶面。因为 124.5°对应的峰值要高于 151°对应的峰值，所以该合金中所含有的面心立方晶胞的 220 晶面更多一些，如表 4.2 所示。

表 4.2　类比于两相 α-Fe 和 γ-Fe，推论一的推断总结

两相组织	α-Fe	γ-Fe
辐射峰所对应的 2θ 角	156°	129°
晶体结构	体心立方晶胞的 221 晶面	面心立方晶胞的 220 晶面
两相组织	镍铝青铜体心立方晶胞组织	镍铝青铜面心立方晶胞组织
辐射峰所对应的 2θ 角	151°	124.5°
晶体结构	体心立方晶胞的 221 晶面（Kα）	面心立方晶胞的 220 晶面（Kα）

推论二：对实验二的图 4.2（b）中的 142°和 124.5°两个辐射峰来源进行推断。在这里需要强调的是，142°是 Kβ 辐射峰；而 124.5°是 Kα 辐射峰。根据测量经验，γ 相 Cr 的面心立方晶胞的 311 晶面在 Kβ 辐射下的辐射峰所对应的 2θ 角为 149°；而 α 相 Cr 的面心立方晶胞的 220 晶面在 Kα 辐射下的辐射峰所对应的 2θ 角为 129°。因此，可以推断：图 4.2（b）中的 142°辐射峰是由镍铝青铜材料的面心立方晶胞的 311 晶面衍射引起的；124.5°辐射峰是由镍铝青铜材料的面心立方晶胞的 220 晶面衍射引起的，如表 4.3 所示。

表 4.3　类比于 γ 相 Cr（Kβ）和 α 相 Cr（Kα），推论二的推断总结

两相组织	γ 相 Cr（Kβ）	α 相 Cr（Kα）
辐射峰所对应的 2θ 角	149°	129°
晶体结构	面心立方晶胞的 311 晶面	面心立方晶胞的 220 晶面
两相组织	镍铝青铜面心立方晶胞组织	镍铝青铜面心立方晶胞组织
辐射峰所对应的 2θ 角	142°	124.5°
晶体结构	面心立方晶胞的 311 晶面（Kβ）	面心立方晶胞的 220 晶面（Kα）

因为图 4.2（b）中的 161°辐射峰较微弱，对残余应力测量没有帮助，所以在此不对其来源进行推断。

因此，在后面采用 X 射线测量残余应力时，所设置的参数如下：选用 Cr 靶，去掉滤波片，采用面心立方（311 型），Kβ 相，2θ 扫描角度为 147°~135°。下面分别通过金相显微镜观察和理论计算的方法对以上推论进行验证。

2. 金相组织验证

对测量试件进行金相组织观察，如图 4.3 所示。该镍铝青铜基体组织的金相组织由 α、

β 和 κ 组成。其中，α 相是铝溶于铜形成的固溶体，为面心立方性能，性能软而塑性好，适于冷、热加工。β 相是 Cu 的高温固溶相，体心立方，强度、硬度高于 α 相。κ 相是富铁、镍铁的铝铁和铝镍化合物，κ 相硬度较高，约 530 HV，有利于提高镍铝青铜的耐磨性，但含 Fe 过多或化合物呈针状析出，不仅会使合金变脆，而且会降低合金的耐蚀性；κ 相有不同的分布形态，大部分为树枝状、杆状、梅花状，少部分为球状。

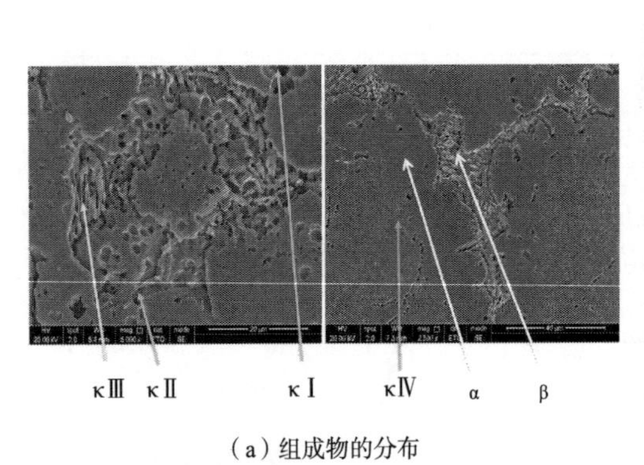

（a）组成物的分布

（b）金相组织（α+β+κ）（Carlton，2012）

图 4.3　镍铝青铜组织中组成物和金相组织

从上面的金相组织分析可以看出，镍铝青铜材料的面心立方晶胞结构占大多数。这个结论与第 1 部分的推论是一致的，如 142°辐射峰和 124.5°辐射峰都对应于镍铝青铜材料的面心立方晶胞组织，且 124.5°辐射峰远远高于其他辐射峰，而只有 151°辐射峰对应了镍铝青铜材料的体心立方晶胞组织。

3. 理论验证

本书的理论验证通过反演的方法进行，首先假设推论二是正确的，然后在此基础上，对推论一进行推导，如果能够证明推论一中的现象，则说明以上两个推论是正确的。

（1）假设推论二是正确的。再一次重复前面的实验二，此时 ψ 取两次。实验记录镍铝青铜材料面心立方晶胞 311 晶面的辐射峰值所对应的 2θ 位置为 141.13°［图 4.2（b）第三个波峰］。取 Cr 靶 Kβ 的辐射波长 λ_β=2.084 87 Å，根据布拉格方程，计算面心立方晶胞结构 311 晶面的晶面间距：

$$d_{311}=\frac{n\lambda_\beta}{2\sin\theta}=1.105\,445 \tag{4.4}$$

根据晶面间距公式（4.2），可得到该材料面心立方晶胞的边长：

$$a_{(面心)}=\sqrt{3^2+1^2+1^2}\,d_{311}=3.666\,35 \tag{4.5}$$

（2）根据上面计算得到的面心立方晶胞边长 $a_{(面心)}$，计算该镍铝青铜材料的面心立方晶胞的 220 晶面的辐射峰值所对应的 2θ 位置。然后将该值与图 4.2（b）中的第四个波峰的位置做对比，如果两者比较接近，则说明第 4.1.1 节的推论是正确的；反之，则是错误的。

由式（4.2），该镍铝青铜材料的面心立方晶胞组织 220 晶面的晶面间距为

$$d_{220}=\frac{a_{(面心)}}{\sqrt{2^2+2^2+0^2}}=1.296\,26 \tag{4.6}$$

根据布拉格方程式（4.3），计算该镍铝青铜的面心立方晶胞组织 220 晶面的辐射峰值所对应的 2θ 值为

$$2\theta_{220}=2\arcsin\left(\frac{n\lambda_{\alpha}}{2d_{220}}\right)=124.175\,2 \tag{4.7}$$

注意该峰值是 Kα 辐射峰，故这里取 λ_{α}=2.290 9 Å。而根据第 4.1.1 节第 1 部分的推论一和推论二，124.5°对应面心立方晶胞组织的 220 晶面的辐射峰角度，此时计算的 124.175 2°接近于该值。受实际情况下晶格畸变等因素的影响，存在误差是正常的。因此，第 4.1.1 节第 1 部分的两个推论是正确的。

4. 基于 Cu 靶的理论分析

目前实验中使用的是 Cr 靶，现在研究能否用其他靶材，并进行证明。这里选用 Cu 靶进行理论计算。由于 Kα 的辐射强度较高，这里对 Kα 进行理论推导。查表可得，Cu 靶所对应的 $\lambda_{铜\alpha}$=1.541 8 Å。

（1）验算该镍铝青铜材料面心立方晶胞 311 晶面的辐射峰所对应的 2θ 角。根据式（4.5）的结果，取 $a_{(面心)}$=3.666 35，则面心立方晶胞组织 311 晶面的晶面间距为

$$d_{311}=\frac{a_{(面心)}}{\sqrt{3^2+1^2+1^2}}=\frac{3.666\,35}{\sqrt{11}}=1.105\,446 \tag{4.8}$$

根据布拉格公式，此时 311 晶面的辐射峰所对应的 2θ 值为

$$2\theta_{311}=2\arcsin\left(\frac{n\lambda_{铜\alpha}}{2d_{311}}\right)=88.432 \tag{4.9}$$

该角度较小，故不能利用该晶面测量其残余应力。

（2）验算该镍铝青铜材料面心立方晶胞组织 422 晶面的辐射峰所对应的 2θ 角。验算过程类似于上面。该面心立方晶胞组织 422 晶面的晶面间距为

$$d_{422}=\frac{a_{(面心)}}{\sqrt{4^2+2^2+2^2}}=\frac{3.666\,35}{\sqrt{24}}=0.748\,39 \tag{4.10}$$

计算该 422 晶面的辐射峰所对应的 2θ 值为

$$2\theta_{422}=2\arcsin\left(\frac{n\lambda_{铜\alpha}}{2d_{422}}\right)=\text{无效值} \tag{4.11}$$

这是因为所计算的 $2d_{422}$=1.496 78>$\lambda_{铜\alpha}$（此时 n 取 1），故为无效值。因此，不能利用该晶面测量其残余应力。

（3）采用 Kβ 标志谱，取 $\lambda_{铜\beta}$=1.392 2 Å。

此时 311 晶面的辐射峰所对应的 2θ 值为

$$2\theta_{311}=2\arcsin\left(\frac{n\lambda_{铜\beta}}{2d_{311}}\right)=78.056 \tag{4.12}$$

而 422 晶面的辐射峰所对应的 2θ 值为

$$2\theta_{422}=2\arcsin\left(\frac{n\lambda_{铜\beta}}{2d_{422}}\right)=136.91 \tag{4.13}$$

该角度较大，故能够用该面心立方晶胞组织 422 晶面的 Kβ 辐射峰来测量其残余应力。由于是采用 Cu 靶来测量铜材料，其测量曲线的背底会很大，这一点在测量中需要特别注意。

4.1.2　镍铝青铜物相组织的定量分析

查阅相关资料，按照式（4.7）逐步进行计算，可以分别得到镍铝青铜材料的体心立方晶胞 211 晶面（Kα）、面心立方晶胞 311 晶面（Kβ）和面心立方晶胞 220 晶面（Kα）所对应的 R 值。计算步骤如表 4.4 所示。这里选用 Cr 靶的 Kα 辐射 λ_α=2.290 9 Å，以及 Kβ 辐射 λ_β=2.084 87 Å，采用 θ-θ 扫描 ψ 测角仪，吸收因子 A（2θ）等于 1。

表 4.4　晶胞组织含量计算步骤表

1	衍射相角度	161°（Kβ）	151°（Kα）	142°（Kβ）	124.5°（Kα）
2	晶面类型		体心立方晶胞 211 晶面	面心立方晶胞 311 晶面	面心立方晶胞220晶面
3	晶格常数 a/Å		2.897 99	3.826 95	3.826 95
4	晶面间距 d/Å		1.183 1	1.153 87	1.353 04
5	布拉格角 θ		75.5°	70.565°	57.841°
6	**LP**		**7.520 7**	**5.428 1**	**3.113 8**
7	$\sin\theta/\lambda$		0.422 6	0.464 5	0.369 5
8	f_0		14.770 6	13.974 5	16.023 5
9	$\boldsymbol{F^2}$		$\boldsymbol{4f^2=872.6825}$	$\boldsymbol{16f^2=3\,124.5864}$	$\boldsymbol{16f^2=4\,108.04}$
10	$\boldsymbol{P}$		**24**	**24**	**12**
11	A（原子量）	63.546	63.546	63.546	63.546
12	Θ	320	320	320	320
13	温度 T/K	300	300	300	300
14	$x=\Theta/T$	1.076	1.076	1.076	1.076
15	$\Phi(x)/x+1/4$		0.974 065	0.974 065	0.974 065
16	$B=1.15\times10^4Tx/(A\Theta^2)[\Phi(x)/x+1/4]$		0.551 04	0.551 04	0.551 04
17	$D=B(\sin\theta/\lambda)^2$		0.098 41	0.112 737	0.075 23

续表

18	e^{-2D}		**1.217 5**	**1.252 9**	**0.860 31**
19	v^2		592.353 96	3 141.352 9	3 141.352 9
20	$M^2=1/v^2$		**16.881 798×10⁻⁴**	**3.183 34×10⁻⁴**	**3.183 34×10⁻⁴**
21	R		323.752 73	162.349 537	42.038 24
22	A/%		3.407 7	7.310 1	89.282

注：1. 表来源“《材料现代测试技术》，廖晓玲，冶金工业出版社”；

2. 第 6 行中 $LP=\dfrac{1+\cos^2 2\theta}{\sin^2\theta\cos\theta}$ ；

3. 第 8 行，根据 $\sin\theta/\lambda$ 值从《材料现代测试技术》的附表 7 中查得，其中，第二列计算过程为 $15.2-\dfrac{0.4226-0.4}{0.5-0.4}\times(15.2-13.3)=14.7706$ ，第三列计算过程为 $15.2-\dfrac{0.4645-0.4}{0.5-0.4}\times(15.2-13.3)=13.9745$ ，第四列计算过程为 $17.9-\dfrac{0.3695-0.3}{0.4-0.3}\times(17.9-15.2)=16.0235$ ；

4. 第 10 行，多重因数 P，从《材料现代测试技术》的附表 10 中查得；

5. 第 11 行，Cu 的相对原子质量 A 为 63.546（3）g/mol；

6. 第 12 行，Θ 从《材料现代测试技术》的附表 11 中查得；

7. 第 15 行，德拜函数 $\dfrac{\Phi(x)}{x}+\dfrac{1}{4}$ 从《材料现代测试技术》的附表 12 中查得，当 x=1.067 时，查表为 $1.028-\dfrac{1.067-1}{1.2-1.0}\times(1.028-0.867)=0.974065$ ；

8. 第 19 行，单位晶胞体积 $v=a^3$；

9. 将表中第 6、9、10、18、20 行的数字相乘，便得到第 21 行的结果；

10. 对四个波峰进行拟合，将各个衍射峰所对应的面积代入式（4.20），得到各个晶胞组织的含量

式（4.4）~式（4.6）已分别计算了面心立方晶胞的晶胞边长、311 晶面的晶面间距及 220 晶面的晶面间距。下面对 151°（Kα）所对应的体心立方晶胞边长和 211 晶面间距进行计算。根据布拉格方程，计算体心立方晶胞 211 晶面的晶面间距为

$$d_{211}=\frac{n\lambda_{\alpha}}{2\sin\theta}=\frac{2.2909}{2\times\sin(75.5)}=1.1831 \tag{4.14}$$

根据晶面间距公式（4.2），可得到该材料体心立方晶胞组织的晶胞边长：

$$a_{(体心)}=\sqrt{2^2+1^2+1^2}\,d_{211}=2.89799 \tag{4.15}$$

下面计算参加衍射的三种相组织（体心立方晶胞 211 晶面、面心立方晶胞 311 晶面和面心立方晶胞 220 晶面）的百分比含量。假设体心立方晶胞 211 晶面参加衍射的体积为 V_1，其衍射峰的积分强度为 A_1，所对应的 R 值为 R_1；类似地，面心立方晶胞 311 晶面参加衍射的体积为 V_2，其衍射峰的积分强度为 A_2，所对应的 R 值为 R_2；面心立方晶胞 220 晶面参加衍射的体积为 V_3，其衍射峰的积分强度为 A_3，所对应的 R 值为 R_3。则根据公式（4.8），这三种相组织参加衍射的体积分别是

$$V_1=\frac{A_1}{KR_1} \tag{4.16}$$

$$V_2=\frac{A_2}{KR_2} \tag{4.17}$$

$$V_3 = \frac{A_3}{KR_3} \tag{4.18}$$

假设该镍铝青铜材料中只有这三相组织，则体心立方晶胞 211 晶面的体积含量为

$$A = \frac{V_1}{V_1 + V_2 + V_3} \tag{4.19}$$

将式（4.16）~式（4.18）代入式（4.19），得

$$A = \frac{1}{1 + \frac{A_2 / R_2}{A_1 / R_1} + \frac{A_3 / R_3}{A_1 / R_1}} \tag{4.20}$$

4.2 镍铝青铜材料的 X 射线残余应力测量

不同于现有的残余应力测量仪采用的方法，本节借助于 Rietveld 和贝叶斯方法的思想，提出了基于贝叶斯模型类选择框架的新方法，来改进残余应力测量的性能。首先，构造包括四个不同峰形函数的贝叶斯模型类；其次，计算布拉格衍射角 $2\theta_B$ 的后验 PDF，以及各个模型类的后验概率；再次，通过贝叶斯后验模型平均的方法识别超鲁棒性的 $2\theta_B$ 值；最后，获得残余应力值。所提出的方法给出了 $2\theta_B$ 的不确定性间隔，它有助于确定 X 射线应力测量仪在每次测量中的不确定性。为了验证所提出的方法，针对镍铝青铜螺旋桨进行了一系列的残余应力测量实验。本书的最终目的是，当对新材料（如镍铝青铜）进行残余应力测量时，评价并优化当前的 X 射线应力测量。

下面介绍实验设置及现象观测。

首先利用爱斯特应力技术有限公司的 X-350A 型 X 射线应力测定仪对镍铝青铜试块进行实验。为了完整地研究 X 射线对镍铝青铜材料的衍射峰情况，将仪器的 2θ 扫描范围调至 169°~120°，无滤波片。仪器的具体参数如表 4.5 所示。试块的衍射峰如图4.4 所示。

表 4.5 衍射峰观察实验的参数设置

实验目的	滤波片情况	实验参数设置	备注
衍射曲线观察	无滤波片	靶材为 Cr； 2θ 扫描范围为 169°~120°； 步距为 0.1°； 计数时间为 0.5 s； 计数量程为 10 000； 晶体管电压为 28.3 kV，电流为 8 mA	Kα 和 Kβ 的辐射峰都存在

图 4.4 中有四个衍射峰，分别位于 161°、151°、142°和 124°。从图中可以看出，镍铝青铜的 X 射线衍射曲线比传统的铁基材料包含更高的噪声。根据 O’Haver 的观点（O’Haver，2015），该衍射曲线是材料衍射曲线和仪器函数的卷积。因此可以得出结论，图 4.4 衍射曲线的低信噪比是由镍铝青铜材料自身的特性决定的。

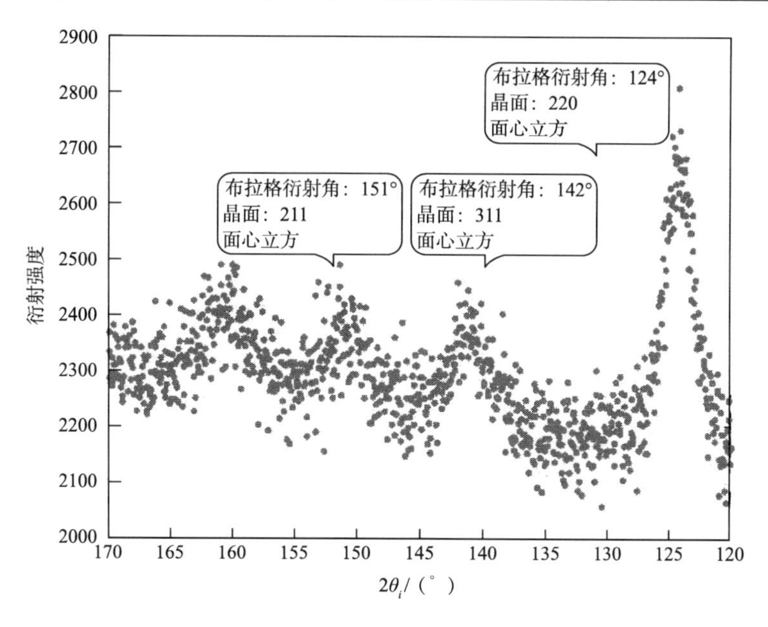

图 4.4 镍铝青铜材料的 X 射线衍射曲线

从这四个衍射峰中选择合适的衍射峰，是残余应力测量的第一步。在实际的 X 射线残余应力测量中，选择衍射峰的基本原则有以下两个：①峰高与峰的半高宽之间的比值较大；②$2\theta$ 角的扫描角度不能过低。从图 4.4 中可以看出，最高的衍射峰在 124°附近，但所对应的 2θ 扫描角度过低，会导致残余应力测量结果的较大误差，因此不适合 X 射线应力测量。第一个衍射峰在 161°附近，虽然有较高的衍射峰，但由于峰形较宽，而不适合于应力测量。第二个衍射峰在 151°附近，由于峰形的高度最低，也不适合应力测量。第三个衍射峰的位置在 142°附近，其峰高-宽比在图 4.4 中的前三个衍射峰最高。根据 X 射线应力测量中，布拉格衍射角的基本选择原则，只有第三个衍射峰，即 142°附近的衍射峰，适用于应力分析。因此，在下面的残余应力测量中，设置 X 射线应力测量仪的 2θ 扫描角为 135.5°~146.5°，而且所对应的衍射晶面为（311）。

可看到选择第三个衍射峰并不是一个完美的解决方案，不仅是因为它的峰高-宽比小，而且因为它的信噪比比传统的铁基材料要低。正如上面提到的，这主要是由镍铝青铜材料的固有特性决定的。

4.2.1 贝叶斯模型

1. 不同峰形函数的 Rietveld 拟合

根据 Rietveld 全谱拟合方法理论，所测量的衍射强度 $f(2\theta_i)$ 可表示为

$$f(2\theta_i)=f_b(2\theta_i)+I\cdot G(2\theta_i) \tag{4.21}$$

式中：$f_b(2\theta_i)$ 为在扫描点处 $2\theta_i$ 的背底强度（$i=1, 2, \cdots, n$）；I 为积分强度，可通过晶体结构参数来确定；$G(2\theta_i)$ 为面积归一化后的峰形函数。

需要注意的是，这里的目的不是从衍射峰中得到晶体的结构参数信息，而是从高噪声的衍射峰中，获得布拉格衍射角 $2\theta_B$ 及其后验 PDF，进而进行残余应力的测量。选择合适的峰形函数，使其与所测量的衍射峰一致，是能否利用 Rietveld 方法识别 $2\theta_B$ 的关键。这里考虑四种峰形函数（O'Haver，2015）：高斯函数（Gaussian function，GF）、洛伦兹函数（Lorentz function，LF）、Voigt 函数（Voigt function，VF）、Pseudo-Voigt 函数（Pseudo-Voigt function，PVF），分别用 M_G、M_L、M_V 和 M_{PV} 来表示所对应的模型；此时的贝叶斯模型类可表示为 $\boldsymbol{M}=\{M_G, M_L, M_V, M_{PV}\}$。这四种峰形函数的定义如表 4.6 所示。

表 4.6 模型类及峰形函数

模型类	函数名称	峰形函数定义
M_G	高斯函数	$G_i=\dfrac{2\sqrt{\ln 2}}{\sqrt{\pi}H}\exp\left[\dfrac{-4\ln 2}{H^2}(2\theta_i-2\theta_B)^2\right]$
M_L	洛伦兹函数	$G_i=\dfrac{2}{\pi H}\left[1+\dfrac{4}{H^2}(2\theta_i-2\theta_B)^2\right]^{-1}$
M_V	Voigt 函数	$G_i=\dfrac{1}{\sqrt{\pi}\beta_G}\mathrm{Re}\left[\Omega\left(0,\dfrac{\beta_L^2}{\beta_G^2\pi}\right)\right]\mathrm{Re}\left[\Omega\left(\dfrac{\sqrt{\pi}}{\beta_G}\lvert 2\theta_i-2\theta_B\rvert,\dfrac{\beta_L^2}{\beta_G^2\pi}\right)\right]$
M_{PV}	Pseudo-Voigt 函数	$G_i=\eta L_i+(1-\eta)G_i$

注：G_i 为在扫描点 $2\theta_i$ 处的衍射强度；$2\theta_B$ 为布拉格衍射角；H 为衍射峰的最大强度一半处的峰宽度，又称为半高宽（full width at half maximum，FWHM）；β_L 和 β_G 为 Voigt 函数中洛伦兹组分和高斯组分的积分宽度；η 为 Pseudo-Voigt 函数中洛伦兹组分所占的分数；Ω 为复合误差函数；Re 为函数中的实数部分

在下面的小节中，首先获得贝叶斯模型类 $\boldsymbol{M}=\{M_G, M_L, M_V, M_{PV}\}$ 中 $2\theta_B$ 的后验 PDFs；其次计算各个模型类的后验模型概率；再次以模型类中概率加权的方式，获得 $2\theta_B$ 的超鲁棒值；最后根据式（4.1），从各个 Ψ 角所对应的 $2\theta_B$ 中，计算残余应力。

2. 贝叶斯模型类选择

根据贝叶斯公式，给定 D 的测量数据和概率模型类 M，模型参数 $\boldsymbol{\theta}$ 的后验 PDF 为

$$p(\boldsymbol{\theta}\mid D,M)=\frac{p(D\mid\boldsymbol{\theta},M)\,p(\boldsymbol{\theta}\mid M)}{\int p(D\mid\boldsymbol{\theta},M)\,p(\boldsymbol{\theta}\mid M)\,\mathrm{d}\boldsymbol{\theta}}=cp(D\mid\boldsymbol{\theta},M)\,p(\boldsymbol{\theta}\mid M) \tag{4.22}$$

式中：c 为归一化常数；$p(\boldsymbol{\theta}\mid M)$ 为未知参数 $\boldsymbol{\theta}$ 的先验概率；$p(D\mid\boldsymbol{\theta}, M)$ 为似然函数，表示测量数据 D 对后验 PDF 的贡献的大小。

模型参数 $\boldsymbol{\theta}$ 的后验概率密度函数将似然函数和先验概率综合在一起，从而捕捉了关于参数向量 $\boldsymbol{\theta}$ 的所有信息。

假设一系列的模型类 $\boldsymbol{M}=\{M_j, j=1, 2, \cdots, N_M\}$，以及测量数据 D，则利用贝叶斯公式，各个模型 M_j 的后验概率 $p(M_j\mid\boldsymbol{\theta}, \boldsymbol{M})$ 为

$$p(M_j\mid D,\boldsymbol{M})=\frac{p(D\mid M_j)\,p(M_j\mid\boldsymbol{M})}{p(D\mid\boldsymbol{M})} \tag{4.23}$$

式中：$p(M_j\mid\boldsymbol{M})$ 为各个模型 M_j 的先验概率；分母 $p(D\mid\boldsymbol{M})$ 为模型 M_j 获得数据 D 的概率，可由全概公式计算获得，

$$p(D|\boldsymbol{M})=\sum_{j=1}^{N_M}p\left(D|M_j,\boldsymbol{M}\right)p\left(M_j|\boldsymbol{M}\right) \tag{4.24}$$

式（4.23）中，p（$D|M_j$）可按下式计算：

$$\ln\left[p\left(D|M_j\right)\right]=E\left[\ln p\left(D|\boldsymbol{\theta},M_j\right)\right]-E\left[\ln\frac{p\left(\boldsymbol{\theta}|D,M_j\right)}{p\left(\boldsymbol{\theta}|M_j\right)}\right] \tag{4.25}$$

其中

$$E\left[\ln p\left(D|\boldsymbol{\theta},M_j\right)\right]=\int_{\Theta_j}\left[\ln p\left(D|\boldsymbol{\theta},M_j\right)\right]p\left(\boldsymbol{\theta}|D,M_j\right)\mathrm{d}\boldsymbol{\theta} \tag{4.26}$$

$$E\left[\ln\frac{p\left(\boldsymbol{\theta}|D,M_j\right)}{p\left(\boldsymbol{\theta}|M_j\right)}\right]=\int_{\Theta_j}\left[\ln\frac{p\left(\boldsymbol{\theta}|D,M_j\right)}{p\left(\boldsymbol{\theta}|M_j\right)}\right]p\left(\boldsymbol{\theta}|D,M_j\right)\mathrm{d}\boldsymbol{\theta} \tag{4.27}$$

式（4.25）中的第一项是模型类 M_j 对测量数据 D 的平均 ln 拟合度的度量。第二项是相对信息熵，反映了模型 M_j 从测量数据 D 中获得的信息量的度量。通过这两个度量，证据 p（$D|M_j$）在模型拟合度和模型复杂性之间取得一个平衡。

当得到模型类 M_j 所对应的 $2\theta_{\mathrm{B}}$ 的后验分布 p（$2\theta_{\mathrm{B}}|$ D，M_j），以及后验模型概率 p（$M_j|D$，$\boldsymbol{M}$）时，布拉格衍射角 $2\theta_{\mathrm{B}}$ 的超鲁棒性 PDF 可由全概公式得到：

$$p\left(2\theta_{\mathrm{B}}|D,\boldsymbol{M}\right)=\sum_{j=1}^{N_M}p\left(2\theta_{\mathrm{B}}|D,M_j\right)p\left(M_j|D,\boldsymbol{M}\right) \tag{4.28}$$

其中，p（$2\theta_{\mathrm{B}}|$ D，M_j）是模型类 M_j 所对应的 $2\theta_{\mathrm{B}}$ 的后验鲁棒性 PDF。根据式（4.28），p（$2\theta_{\mathrm{B}}|$ D，$\boldsymbol{M}$）可通过对鲁棒 PDF p（$2\theta_{\mathrm{B}}|$ D，M_j）的加权平均计算出来，其中权重是模型类 M_j 的后验模型概率 p（$M_j|D$，$\boldsymbol{M}$）。最后，超鲁棒值 $2\theta_{\mathrm{B}}$ 能够从所对应的超鲁棒 PDF p（$M_j|D$，$\boldsymbol{M}$）中计算出来。

由于模型参数向量 $\boldsymbol{\theta}$、证据的计算需要高维积分，有许多研究人员在努力解决这个困难。早期的方法主要是拉普拉斯渐进近似（Yin et al.，2010）和分支定界（branch-and-bound）（Sohn，1998）的方法。最近，随机模拟的方法被越来越多地用于求解贝叶斯计算问题。最初，Beck 等（2002）提出了一种自适应 Metropolis-Hastings（adaptive Metropolis- Hastings，AMH）方法，引入一系列中间 PDFs。在 AMH 方法的基础上，Ching 等（2007）提出了一种转移马尔可夫链蒙特卡罗（transitional Markov chain Monte Carlo，TMCMC）方法来计算贝叶斯模型类的证据；与 AMH 方法相比，TMCMC 方法能够自动地确定中间 PDFs。Yuen（2010）综述了贝叶斯模型类选择的最新发展和应用。同时，针对贝叶斯模型类方法中的计算问题，Cheung 等（2010）提出了一个通用的马尔可夫链蒙特卡罗（Markov chain Monte Carlo，MCMC）方法来获得后验样本。Zhang 等（2014）对比了在求解贝叶斯计算问题中的一系列随机模拟方法，并提出了一种新的随机模拟方法。

高斯函数和洛伦兹函数可简化为贝叶斯回归问题，因此贝叶斯模型类{M_{G}，M_{L}}可以推导出解析解。但是，由于 Voigt 函数和 Pseudo-Voigt 函数自身的复杂性，不能直接推导出解析解，使用 MCMC 方法来获得模型类{M_{V}，M_{PV}}的后验概率（Jain，2009；Bauwens et al.，2000）。

1）高斯函数的贝叶斯模型类 M_{G}

将表 4.6 中定义的高斯函数 M_{G} 代入式（4.21）：

$$f(2\theta_i)=f_{\mathrm{b}}(2\theta_i)+I\cdot\frac{2\sqrt{\ln 2}}{\sqrt{\pi}H}\exp\left[-\frac{4\ln 2}{H^2}(2\theta_i-2\theta_{\mathrm{B}})^2\right] \tag{4.29}$$

令 $y=\ln\left[f(2\theta_i)-f_{\mathrm{b}}(2\theta_i)\right]$，$x=2\theta_i$，$p=2\theta_{\mathrm{B}}$，得

$$y=\ln\left(I\cdot\frac{2\sqrt{\ln 2}}{\sqrt{\pi}H}\right)-\frac{4\ln 2}{H^2}\left(x^2+p^2-2xp\right) \tag{4.30}$$

令 $a=\ln\left(I\cdot\frac{2\sqrt{\ln 2}}{\sqrt{\pi}H}\right)-\frac{4\ln 2}{H^2}p^2$，$b=\frac{8\ln 2}{H^2}p$，$c=-\frac{4\ln 2}{H^2}$，则式（4.30）可写成如下的二次项形式：

$$y=a+bx+cx^2 \tag{4.31}$$

令 $\boldsymbol{x}=\left[1\ x\ x^2\right]^{\mathrm{T}}$，$\boldsymbol{\beta}=\left[a\ b\ c\right]^{\mathrm{T}}$，则式（4.31）可写为

$$y=\boldsymbol{x}^{\mathrm{T}}\boldsymbol{\beta} \tag{4.32}$$

令 $\hat{f}_i$ 表示消除背底衍射后的第 i 测量点（$2\theta_i$）处的测量衍射强度，$\hat{y}_i=\ln\hat{f}_i$，并考虑测量误差和建模误差 ε，则对测量方程进行建模：

$$\hat{y}=y+\varepsilon,\ \ \varepsilon\sim N\left(0,\sigma^2\right) \tag{4.33}$$

未知参数向量 $\boldsymbol{\theta}=\left[\boldsymbol{\beta}^{\mathrm{T}}\sigma^2\right]^{\mathrm{T}}$。对于一系列的测量数据集 $D=\{\hat{y}_1,\hat{y}_2,\cdots,\hat{y}_n\}$，测量衍射数据的似然函数如下：

$$\begin{aligned}p\left(D\,|\,\boldsymbol{\theta},M_{\mathrm{G}}\right)&=\prod_{i=1}^{n}p\left(\hat{y}_i\,|\,\boldsymbol{\theta},M_{\mathrm{G}}\right)=\prod_{i=1}^{n}\frac{1}{\sqrt{2\pi}\sigma}\exp\left[-\frac{\left(\hat{y}_i-\boldsymbol{x}_i^{\mathrm{T}}\boldsymbol{\beta}\right)^2}{2\sigma^2}\right]\\&=\frac{1}{\left(2\pi\sigma^2\right)^{n/2}}\exp\left(-\frac{1}{2\sigma^2}\left|\hat{y}-\boldsymbol{x}^{\mathrm{T}}\boldsymbol{\beta}\right|^2\right)\overset{\Delta}{=}N\left(\boldsymbol{x}^{\mathrm{T}}\boldsymbol{\beta},\sigma^2\boldsymbol{I}\right)\end{aligned} \tag{4.34}$$

这里选择未知参数 $\boldsymbol{\beta}$ 和 σ^2 的共轭先验分布为高斯和逆伽马分布，即 $\boldsymbol{\beta}\sim N\left(\boldsymbol{\beta}_0,\Sigma_0\right)$，$\sigma^2\sim \mathrm{IG}\left(s_0,v_0\right)$，则 $\boldsymbol{\beta}$ 和 σ^2 的后验分布也为高斯和逆伽马分布：

$$p\left(\boldsymbol{\beta}\,|\,\sigma^2,\hat{y},M_{\mathrm{G}}\right)\sim N\left(\boldsymbol{\beta}_*,\sigma^2\Sigma_*^{-1}\right) \tag{4.35}$$

$$p\left(\sigma^2\,|\,\boldsymbol{\beta},\hat{y},M_{\mathrm{G}}\right)\sim \mathrm{IG}_2\left(v_*+k,s_*+\left(\boldsymbol{\beta}-\boldsymbol{\beta}_*\right)^{\mathrm{T}}\Sigma_*\left(\boldsymbol{\beta}-\boldsymbol{\beta}_*\right)\right) \tag{4.36}$$

式中：$\Sigma_*=\Sigma_0+\boldsymbol{x}^{\mathrm{T}}\boldsymbol{x}$；$\boldsymbol{\beta}_*=\Sigma_*^{-1}\left(\Sigma_0\boldsymbol{\beta}_0+\boldsymbol{x}^{\mathrm{T}}\boldsymbol{x}\hat{\boldsymbol{\beta}}\right)$；$s_*=s_0+s+\left(\boldsymbol{\beta}_0-\hat{\boldsymbol{\beta}}\right)^{\mathrm{T}}\left[\Sigma_0^{-1}+\left(\boldsymbol{x}^{\mathrm{T}}\boldsymbol{x}\right)^{-1}\right]^{-1}\left(\boldsymbol{\beta}_0-\hat{\boldsymbol{\beta}}\right)$；$v_*=v_0+T$。

因此，布拉格衍射角 $2\theta_{\mathrm{B}}$ 的后验概率分布可近似为均值为 $2\theta_B$，方差为 $\Sigma_{2\theta_{\mathrm{B}}}$ 的高斯分布：

$$\begin{cases} 2\theta_{\mathrm{B}} = -\dfrac{\tilde{b}}{2\tilde{c}} \\ \Sigma_{2\theta_{\mathrm{B}}} = -\dfrac{\tilde{b}}{2\tilde{c}}\sqrt{\left(\dfrac{\Sigma_b}{\tilde{b}}\right)^2 + \left(\dfrac{\Sigma_c}{\tilde{c}}\right)^2} \end{cases} \tag{4.37}$$

最后，模型类 M_{G} 的证据可按下式计算为

$$p(D \mid M_{\mathrm{G}}) \approx \frac{(s_0)^{v_0}\,\Gamma(v_*)}{\sqrt{(2\pi)^N \left|\boldsymbol{x}^{\mathrm{T}}\boldsymbol{x}\right| \left|\Sigma_0\right|}\,(s_*)^{v_*}\,\Gamma(v_0)} \exp\left[-\frac{1}{2}(\boldsymbol{\beta}_* - \boldsymbol{\beta}_0)^{\mathrm{T}} \Sigma_0^{-1} (\boldsymbol{\beta}_* - \boldsymbol{\beta}_0)\right] \tag{4.38}$$

总之，假设需要生成 R 个后验样本，预期的样本个数为 R_0，则识别出的模型参数和模型类的后验概率可按下面的算法获得（Jain，2009；Bauwens et al.，2000）:

（1）选择初始值（σ^2）$^{(0)}$，并令 r=1；

（2）以式（4.35）的概率获取样本 $\boldsymbol{\beta}^{(r)}$；

（3）以式（4.36）的概率获取样本（σ^2）$^{(r)}$；

（4）令 $r=r+1$，并返回步骤（2）和步骤（3），直到 $r>R_0+R$；

（5）舍弃预期的 R_0 个初始样本，使用剩余的 R 个样本，并根据式（4.37）来计算布拉格衍射角 $2\theta_{\mathrm{B}}$ 及其所对应的后验分布；

（6）分别根据式（4.26）和式（4.27），计算 $E\left[\ln p(D \mid \boldsymbol{\theta}, M_{\mathrm{G}})\right]$ 和 $E\left[\ln\dfrac{p(\boldsymbol{\theta} \mid D, M_{\mathrm{G}})}{p(\boldsymbol{\theta} \mid M_{\mathrm{G}})}\right]$；

（7）根据式（4.25）或式（4.38）计算模型类 M_{G} 的 ln 证据，根据式（4.23）计算后验模型概率 $p(M_{\mathrm{G}} \mid D, \boldsymbol{M})$。

2）洛伦兹函数的贝叶斯模型类 M_{L}

将表 4.6 中定义的洛伦兹函数 M_{L} 代入式（4.21）:

$$f(2\theta_i) = f_{\mathrm{b}}(2\theta_i) + I \cdot \frac{2}{\pi H} \frac{1}{1 + \left(\dfrac{2\theta_i - 2\theta_k}{0.5H}\right)^2} \tag{4.39}$$

令 $y = \dfrac{1}{f(2\theta_i) - f_{\mathrm{b}}(2\theta_i)}$，$x = 2\theta_i$，$p = 2\theta_{\mathrm{B}}$，得

$$y = \frac{\pi H}{2I} + \frac{\pi H}{2I \cdot (0.5H)^2}(x^2 + p^2 - 2xp) \tag{4.40}$$

类似于高斯函数，令 $a = \dfrac{\pi H}{2I} + \dfrac{\pi H}{2I \cdot (0.5H)^2} p^2$，$b = -\dfrac{\pi H}{I \cdot (0.5H)^2} p$，$c = \dfrac{\pi H}{2I \cdot (0.5H)^2}$，$\boldsymbol{x} = \left[1\ x\ x^2\right]^{\mathrm{T}}$，$\boldsymbol{\beta} = [a\ b\ c]^{\mathrm{T}}$，则式（4.40）可改写成与式（4.32）的相同形式:

$$y = \boldsymbol{x}^{\mathrm{T}}\boldsymbol{\beta} \tag{4.41}$$

因此，洛伦兹函数参数 $\boldsymbol{\beta}$ 的后验 PDF 具有与高斯函数中式（4.35）相同的形式，而且模型类的证据表达式也类似于式（4.38）。

进一步地,洛伦兹函数的贝叶斯模型类 M_L 所识别的布拉格衍射角 $2\theta_B$ 的后验概率分布也可近似为均值为 $2\theta_B$,方差为 $\Sigma_{2\theta_B}$ 的高斯分布:

$$\begin{cases} 2\theta_B = -\dfrac{\tilde{b}}{2\tilde{a}} \\ \Sigma_{2\theta_B} = -\dfrac{\tilde{b}}{2\tilde{a}}\sqrt{\left(\dfrac{\Sigma_b}{\tilde{b}}\right)^2 + \left(\dfrac{\Sigma_a}{\tilde{a}}\right)^2} \end{cases} \tag{4.42}$$

总之,对于洛伦兹函数,获得所对应的模型参数和模型类 M_L 的后验概率的算法与上面的高斯函数类似。不同之处在于,用式(4.42)代替步骤(5)的式(4.37):

(1)选择初始值 $(\sigma^2)^{(0)}$,并令 r=1;

(2)以式(4.35)的概率获取样本 $\boldsymbol{\beta}^{(r)}$;

(3)以式(4.36)的概率获取样本 $(\sigma^2)^{(r)}$;

(4)令 $r=r+1$,并返回步骤(2)和步骤(3),直到 $r>R_0+R$;

(5)舍弃预期的 R_0 个初始样本,使用剩余的 R 个样本,并根据式(4.42)来计算布拉格衍射角 $2\theta_B$ 及其所对应的后验分布;

(6)分别根据式(4.26)和式(4.27),计算 $E\left[\ln p\left(D|\boldsymbol{\theta},M_G\right)\right]$ 和 $E\left[\ln\dfrac{p\left(\boldsymbol{\theta}|D,M_G\right)}{p\left(\boldsymbol{\theta}|M_G\right)}\right]$;

(7)根据式(4.25)或式(4.38)计算模型类 M_L 的 ln 证据,根据式(4.23)计算后验模型概率 $p\left(M_L|D,\boldsymbol{M}\right)$。

3)Voigt 函数的贝叶斯模型类 M_V

由于 Voigt 函数和 Pseudo-Voigt 函数自身的复杂性,不能直接推导出解析解,使用 MCMC 方法来获得模型类 $\{M_V,M_{PV}\}$ 的后验概率。

对于 Voigt 函数的模型类 M_V,令 $y \overset{\Delta}{=} f(2\theta_i)-f_b(2\theta_i)$,$\boldsymbol{\beta}=\left[I\ \beta_G\ \beta_L\ 2\theta_B\right]^T$,则衍射峰的理论模型可建模为

$$y(\boldsymbol{\beta}) = I\cdot\frac{1}{\sqrt{\pi}\beta_G}\mathrm{Re}\left[\Omega\left(0,\frac{\beta_L^2}{\beta_G^2\pi}\right)\right]\mathrm{Re}\left[\Omega\left(\frac{\sqrt{\pi}}{\beta_G}\left|2\theta_i-2\theta_B\right|,\frac{\beta_L^2}{\beta_G^2\pi}\right)\right] \tag{4.43}$$

假设 $\hat{y}$ 为去除背底后的测量衍射峰强度,则测量方程可表示为式(4.33)的相同形式:

$$\hat{y} = y(\boldsymbol{\beta})+\varepsilon,\quad \varepsilon \sim N\left(0,\sigma^2\right) \tag{4.44}$$

其中,ε 为建模和测量不确定性,包括测量噪声和建模误差。$\boldsymbol{\theta}$ 表示未知参数向量 $\boldsymbol{\theta}=\left[\boldsymbol{\beta}^T\sigma^2\right]^T$。对于一系列测量数据集 $D=\{\hat{y}_1,\hat{y}_2,\cdots,\hat{y}_n\}$,测量衍射峰数据的似然函数如下:

$$p\left(D|\boldsymbol{\theta},M_V\right)=\prod_{i=1}^{n}p\left(\hat{y}_i|\boldsymbol{\theta},M_V\right)=\prod_{i=1}^{n}\frac{1}{\sqrt{2\pi}\sigma}\exp\left\{-\frac{\left[\hat{y}_i-y(\boldsymbol{\beta})\right]^2}{2\sigma^2}\right\} \tag{4.45}$$

这里,未知参数 $\boldsymbol{\beta}$ 和 σ^2 的共轭先验分布选择为高斯和逆伽马分布,即 $\boldsymbol{\beta}\sim N\left(\boldsymbol{\beta}_0,\Sigma_0\right)$,$\sigma^2\sim \mathrm{IG}\left(s_0,v_0\right)$。此时,模型参数向量 $\boldsymbol{\theta}$ 的先验 PDF 为

$$p\left(\boldsymbol{\theta}|M_{\mathrm{V}}\right) \propto \left(\sigma^2\right)^{-(v_0+k+2)/2} \exp\left\{-\frac{1}{2}\sigma^{-2}\left[s_0+\left(\boldsymbol{\beta}-\boldsymbol{\beta}_0\right)^{\mathrm{T}} \Sigma_0\left(\boldsymbol{\beta}-\boldsymbol{\beta}_0\right)\right]\right\} \tag{4.46}$$

然后使用 TMCMC 方法获得参数向量 $\boldsymbol{\theta}$ 的后验样本。TMCMC 方法最早是由 Ching 等（2007）提出来的，该算法引入一系列的中间 PDFs，使其以自适应的方式逐渐从先验 PDF $p\left(\boldsymbol{\theta}|M_{\mathrm{V}}\right)$ 过渡到后验 PDF $p\left(\boldsymbol{\theta}|D,M_{\mathrm{V}}\right)$。中间 PDFs 可定义为

$$p_j\left(\boldsymbol{\theta}\right) \propto p\left(\boldsymbol{\theta}\,|\,M_{\mathrm{V}}\right)\cdot p\left(D\,|\,\boldsymbol{\theta},M_{\mathrm{V}}\right)^{s_j} \tag{4.47}$$

其中，$j=0,1,2\cdots,m$，$0=s_0<s_1<\cdots<s_m=1$，m 表示中间 PDFs 的数目。

利用下面的 TMCMC 方法，可获得模型类 M_{V} 的后验概率和证据：

（1）从先验 PDF $p_0\left(\boldsymbol{\theta}\right)$ 中获得初始样本 $\left\{\boldsymbol{\theta}_{0,k},k=1,2,\cdots,N_0\right\}$。

（2）根据 $\left\{p\left(D\left|\boldsymbol{\theta}_{0,k},M_{\mathrm{V}}\right.\right)^{s_1-s_0},k=1,2,\cdots,N_0\right\}$ 的变异系数（coefficient of variation，c.o.v.）预设的阈值初步确定 s_1；然后，由 $w\left(\boldsymbol{\theta}_{0,k}\right)=p\left(D\left|\boldsymbol{\theta}_{0,k},M_{\mathrm{V}}\right.\right)^{s_1-s_0}$ 计算重采样权重 $\left(k=1,2,\cdots,N_0\right)$，并估计出期望权重 $s_0=\Sigma w\left(\boldsymbol{\theta}_{0,k}\right)/N_0$。

（3）令 $k=1,2,\cdots,N_1$，重复该步骤以获得样本 $\left\{\boldsymbol{\theta}_{1,k},k=1,2,\cdots,N_1\right\}$，以概率 $w(\boldsymbol{\theta}_{0,l})/\sum_{l=1}^{N_0} w(\boldsymbol{\theta}_{0,l})$，使用重采样的方法，获得 $\boldsymbol{\theta}_{0,l}$，从 $N\left(\boldsymbol{\theta}_{0,l},\Sigma_0\right)$ 中抽取候选样本值 $\boldsymbol{\theta}^*$，以概率 $p_1\left(\boldsymbol{\theta}^*\right)/p_1\left(\boldsymbol{\theta}_{0,l}\right)$ 令 $\boldsymbol{\theta}_{0,l}=\boldsymbol{\theta}^*$，否则，令 $\boldsymbol{\theta}_{1,k}=\boldsymbol{\theta}_{0,l}$。

（4）重复步骤（2）和步骤（3），直至获得所需要数目的样本 $\boldsymbol{\theta}$。

（5）分别根据式（4.26）和式（4.27），计算 $E\left[\ln p\left(D\,|\,\boldsymbol{\theta},M_G\right)\right]$ 和 $E\left[\ln\dfrac{p\left(\boldsymbol{\theta}\,|\,D,M_{\mathrm{G}}\right)}{p\left(\boldsymbol{\theta}\,|\,M_{\mathrm{G}}\right)}\right]$。

（6）模型类 M_{V} 的证据 $\ln p\left(D\,|\,M_{\mathrm{V}}\right)$ 可渐进无偏估计为 $p\left(D\,|\,M_{\mathrm{V}}\right)=\Pi s_j$，根据式（4.23）计算后验模型概率 $p\left(M_{\mathrm{V}}\,|\,D,\boldsymbol{M}\right)$。

4）Pseudo-Voigt 函数的贝叶斯模型类 M_{PV}

对于 Pseudo-Voigt 函数的模型类 M_{PV}，后验概率和模型证据可通过与上面模型类 M_{V} 类似的算法计算得到。不同之处在于，使用 Pseudo-Voigt 函数代替式（4.43）中的函数，且模型参数向量为 $\boldsymbol{\beta}=[I\ \eta\ H\ 2\theta_{\mathrm{B}}]^{\mathrm{T}}$。

4.2.2　镍铝青铜材料的 X 射线残余应力测量数据评价

1. 贝叶斯模型类 M_{G} 的布拉格衍射角

设置 X 射线应力测量仪的扫描角范围为 135.5°~146.5°，而其他参数如表 4.5 所示。根据所提出的算法的步骤，首先识别出各个 Ψ 角所对应的布拉格衍射角 $2\theta_{\mathrm{B}}$ 的后验 PDF。然后检查在贝叶斯框架下，使用高斯函数所识别的布拉格衍射角的性能。

去除背底后在 0°Ψ 角处的衍射峰如图 4.5 所示。图 4.5 中“*”表示测量的衍射强度，实线表示利用高斯函数所拟合的曲线，虚线表示布拉格衍射角 $2\theta_{\mathrm{B}}$。

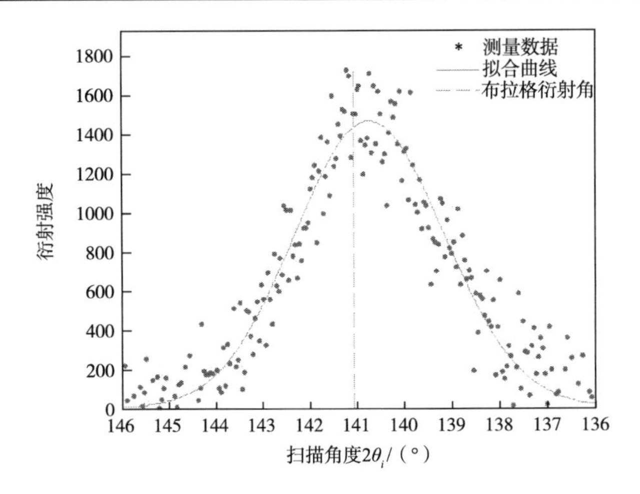

图 4.5　消除衍射背底后的衍射峰（$\Psi=0°$）

从图 4.5 可以看出，衍射峰包含了较低的信噪比，这个是由镍铝青铜材料自身的特性决定的。考虑这些噪声及其相应的不确定性建模误差，利用贝叶斯统计进行 Rietveld 衍射谱拟合，得到布拉格衍射角。利用高斯函数的贝叶斯模型类算法，获得的布拉格衍射角 $2\theta_B$ 与半高宽 H 之间的联合后验概率分布如图 4.6 所示。

从图 4.6 中可以看出，布拉格衍射角 $2\theta_B$ 的后验均值为 140.71°，后验标准差为 1.096°；半高宽 H 的后验均值为 4.10，后验标准差为 2.537°。$2\theta_B$ 和 H 之间的互相关值（斜方差系数）接近于 0，说明这两个参数是相互独立的。

2. 贝叶斯模型类$\{M_G, M_L, M_V, M_{PV}\}$的布拉格衍射角

这里检查贝叶斯模型类$\{M_G, M_L, M_V, M_{PV}\}$所识别的布拉格衍射角 $2\theta_B$。四个峰形函数的拟合结果如图 4.7 所示。后验 PDF 的统计结果如表 4.7 所示，表中括号外面的值表示后验均值，括号里面的值表示后验标准差。

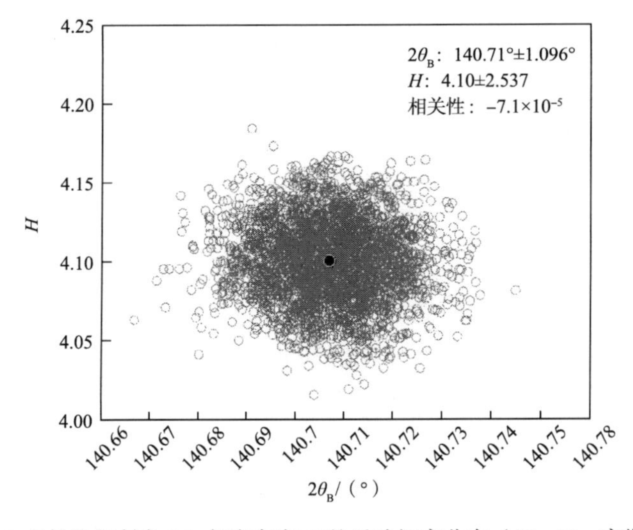

图 4.6　布拉格衍射角 $2\theta_B$ 与半高宽 H 的后验概率分布（$\Psi=0°$，高斯峰）

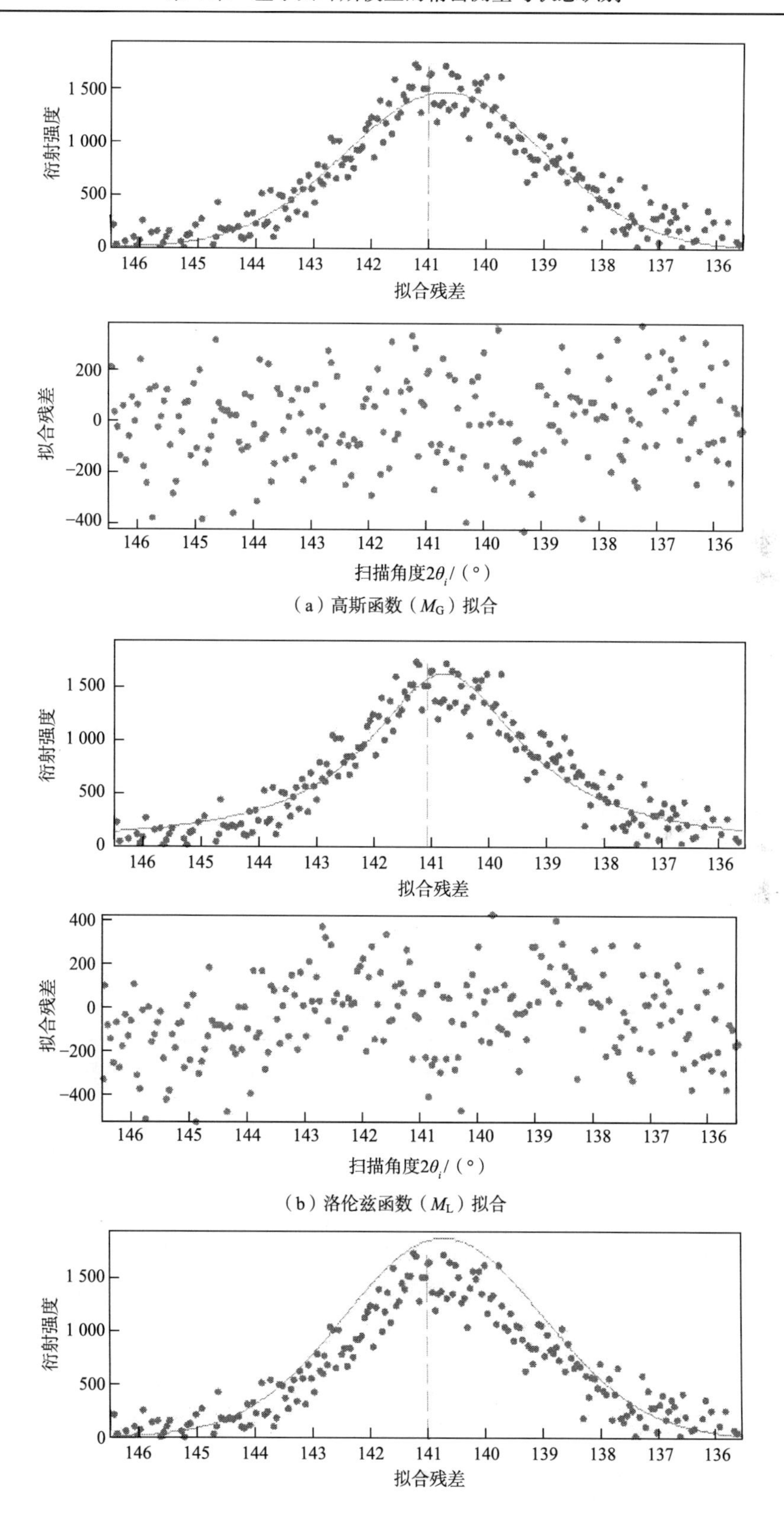

（a）高斯函数（M_G）拟合

（b）洛伦兹函数（M_L）拟合

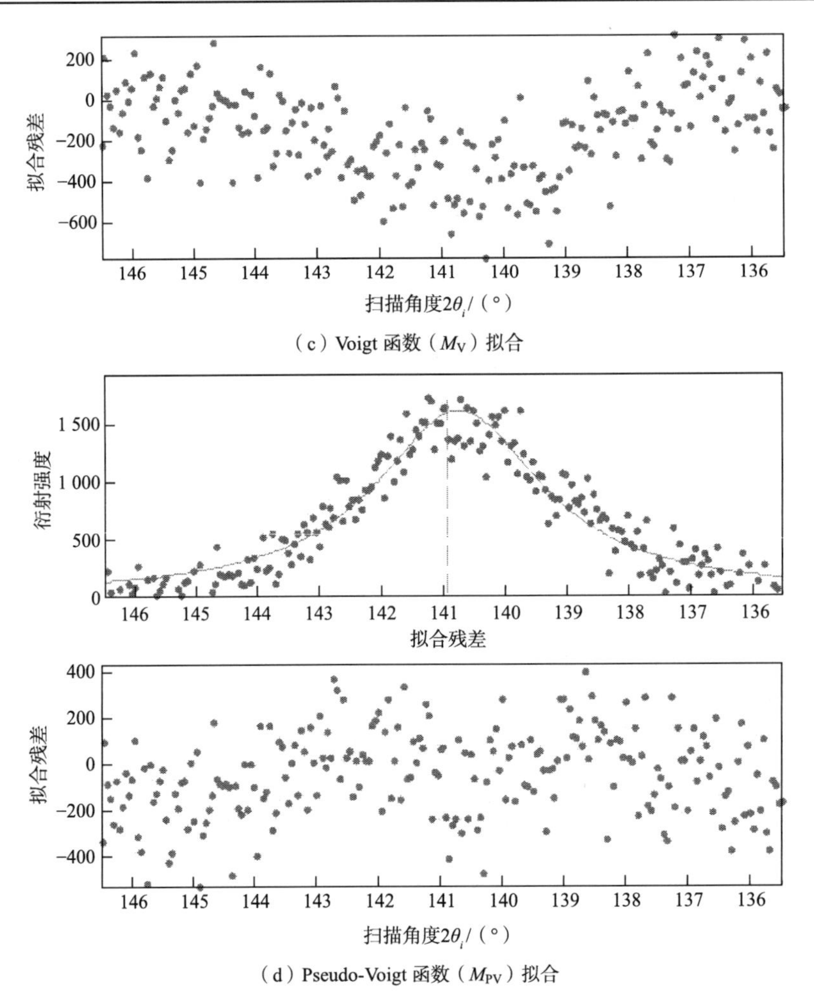

（c）Voigt 函数（M_V）拟合

（d）Pseudo-Voigt 函数（M_{PV}）拟合

图 4.7　包含四个峰形函数的贝叶斯模型类的拟合结果（$\Psi=0°$）

表 4.7　贝叶斯模型类的后验 PDF 的统计结果（$\Psi=0°$）

模型类	M_G	M_L	M_V	M_{PV}
布拉格衍射角 $2\theta_B$	141.71°（1.096°）	141.73°（1.096°）	141.71°（1.368°）	141.73°（1.096°）
半高宽 H	4.10°（2.537°）	3.324°（2.558°）	2.05°（3.741°）	3.33°（2.557°）

从表 4.7 可以看出，四个模型所识别的布拉格衍射角 $2\theta_B$ 的后验均值是互相接近的；模型类 M_V 所识别的后验标准差大于其他三个模型类$\{M_G, M_L, M_{PV}\}$。对于所识别的半高宽 H，模型类$\{M_L, M_{PV}\}$的结果是类似的。考虑到 $2\theta_B$ 和 H 的结果，模型类 M_L 的识别结果接近于模型类 M_{PV}。

为了进一步评价识别结果的性能，利用所提出的方法获得贝叶斯模型类的四个概率指标：$E\left[\ln p\left(D|\boldsymbol{\theta},M_j\right)\right]$、$E\left[\ln\dfrac{p\left(\boldsymbol{\theta}|D,M_j\right)}{p\left(\boldsymbol{\theta}|M_j\right)}\right]$、证据 $\ln p\left(D|M_j\right)$ 和模型概率

$p\left(M_j \mid D, \boldsymbol{M}\right)$，计算结果如表 4.8 所示。

表 4.8　贝叶斯模型类的识别精度评估（$\Psi = 0°$）

概率指标	M_G	M_L	M_V	M_{PV}
$E\left[\ln p\left(D \mid \boldsymbol{\theta}, M_j\right)\right]$	2444.2	2950.8	5587.1	2953.7
$E\left[\ln \dfrac{p\left(\boldsymbol{\theta} \mid D, M_j\right)}{p\left(\boldsymbol{\theta} \mid M_j\right)}\right]$	8.19	8.18	7.58	8.18
$\ln p\left(D \mid M_j\right)$	2436.01	2942.62	5579.52	2945.52
$p\left(M_j \mid D, \boldsymbol{M}\right)$	1	9.3045×10^{-221}	0	5.2101×10^{-222}
$2\theta_B$ 的超鲁棒参数值	140.71°（1.096°）			

从表 4.8 可以看出，模型类 M_L 的四个概率指标接近于模型类 M_{PV}。模型类 M_G 的模型概率权重 $p\left(M_j \mid D, \boldsymbol{M}\right)$ 近似为 1，而剩余三个模型的模型概率权重 $p\left(M_j \mid D, \boldsymbol{M}\right)$ 接近于 0。从这里可以得出一个重要结论：模型类 M_G 的识别结果在四个模型中最为可靠。所以，由式（4.28）计算的 $2\theta_B$ 的超鲁棒参数几乎等于模型 M_G 的计算结果。

3. 残余应力测量及仪器评价

将上面由贝叶斯模型类算法所识别的布拉格衍射角 $2\theta_B$ 的超鲁棒参数，用于下面的残余应力计算。根据 X 射线应力测量仪的残余应力测量原理，依次设置四个衍射晶面方位角 Ψ（0°、24.2°、35.5°和 45°），然后分别测量所对应的布拉格衍射角 $2\theta_B$。仪器方法和本书所提出的贝叶斯方法所识别的布拉格衍射角如表 4.9 所示。

表 4.9　仪器方法与所提出的贝叶斯方法的 $2\boldsymbol{\theta}_B$ 识别结果对比

Ψ	0°	24.2°	35.5°	45°
仪器方法	140.657°	140.617°	140.629°	140.552°
贝叶斯方法	140.71°（1.096°）	140.68°（1.211°）	140.66°（1.263°）	140.57°（1.255°）

在表 4.9 中的第三行中，括号里面的数值是识别结果的标准差，它反映了贝叶斯方法对布拉格衍射角 $2\theta_B$ 的识别不确定性。

当得到各个 Ψ 角（0°、24.2°、35.5°和 45°）所对应的布拉格衍射角 $2\theta_B$ 后，图中直线可通过式（4.1）中的系数 M 来计算。如图 4.8 所示，红色“*”表示仪器方法计算的 $2\theta_B$，虚线表示根据这些衍射角所拟合的直线。蓝色“○”表示贝叶斯模型类方法所识别的布拉格衍射角，实直线表示根据这些衍射角所拟合的直线。图中蓝色阴影表示贝叶斯方法所计算的 $\pm 3\sigma$ 置信区间；青色阴影表示 $\pm 6\sigma$ 置信区间；它们是利用贝叶斯方法从布拉格衍射角 $2\theta_B$ 的后验 PDF 中计算出来的。

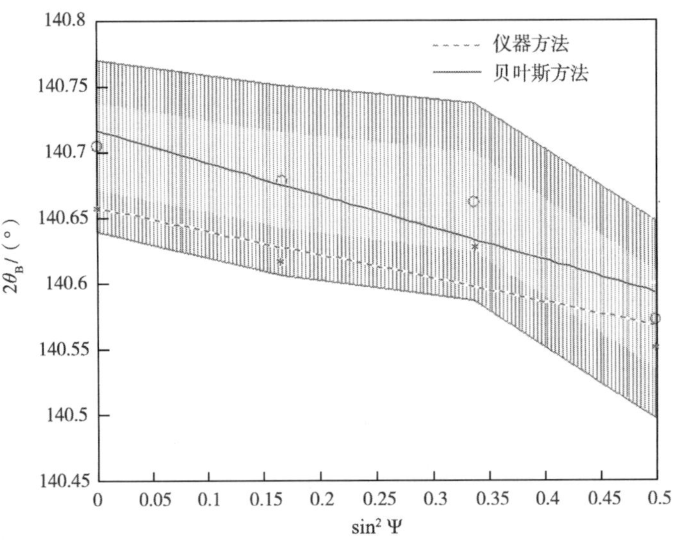

图 4.8 各个 Ψ（0°、24.2°、35.5°和 45°）处的 $2\theta_B$ 角的拟合直线斜率系数 M

从图 4.8 可以看出，贝叶斯方法给出的不确定性置信范围，能够帮助判断 X 射线测量仪的不确定性。例如，当 Ψ 角为 35.5°或 45°时，X 射线应力测量仪拟合的布拉格衍射角 $2\theta_B$ 位于 $\pm 3\sigma$ 区间内；当 Ψ 角为 0°或 24.2°时，X 射线应力测量仪拟合的布拉格衍射角 $2\theta_B$ 超出了 $\pm 3\sigma$ 区间，位于 $\pm 6\sigma$ 区间内。

本书所提出的方法不仅能够确定 X 射线应力测量仪的不确定性，而且能够改进残余应力的测量性能。为了判断本书所提出方法对残余应力测量的改进效果，这里使用 R^2 指标来进行判断：

$$R^2 \equiv 1-\frac{\sum_i\left(2\theta_{B_i}-\widehat{2\theta}_{B_i}\right)^2}{\sum_i\left(2\theta_{B_i}-\overline{2\theta_{B_i}}\right)^2} \tag{4.48}$$

式中：$2\theta_B$ 为所识别的各个 Ψ 角所对应的布拉格衍射角的超鲁棒值；$\widehat{2\theta}_{B_i}$ 为拟合直线的预测值；$\overline{2\theta_{B_i}}$ 为所识别的布拉格衍射角的均值。

因为式（4.1）中的系数是拟合直线的斜率，而 R^2 指标反映了该拟合直线的“拟合度”，所以使用 R^2 指标来评价 M 的性能是合适的。当 R^2 为 1 时，表示拟合性能是完美的，M 计算结果的性能也是完美的，它说明了残余应力测量性能的完美。同时，R^2 指标越小，M 和残余应力测量性能越差。

X 射线应力测量仪和本书所提出的贝叶斯方法的残余应力测量结果如表 4.10 所示，表中的残余应力值是通过式（4.1）计算得到的。

表 4.10 仪器方法与所提出的贝叶斯方法的残余应力测量结果对比

方法	斜率 M	残余应力 σ/MPa	精度指标 R^2
仪器方法	-0.181 ± 0.070	43.75 ± 16.991	0.768

续表

方法	斜率 M	残余应力 σ/MPa	精度指标 R^2
贝叶斯方法	-0.248 ± 0.071	60.319 ± 17.15	0.858

如表 4.10 所示，本书所提出的贝叶斯方法的 R^2 值大于仪器方法，这说明贝叶斯方法的残余应力测量性能优于现有的仪器方法。

4. 螺旋桨模型的残余应力测量实验

为了进一步验证本书所提出的贝叶斯模型的性能，接下来在一个螺旋桨模型上进行了一系列的残余应力测量实验。该螺旋桨模型的加工条件如下：数控机床的主轴转速为 2400 r/min，进给速度为 0.10~0.20 mm/r。在螺旋桨模型上选取三个测量点，分别测量这些点处的 X 方向和 Y 方向的残余应力，如图 4.9 所示。因此，一共开展了六组残余应力的测量实验。实验照片如图 4.10 所示。

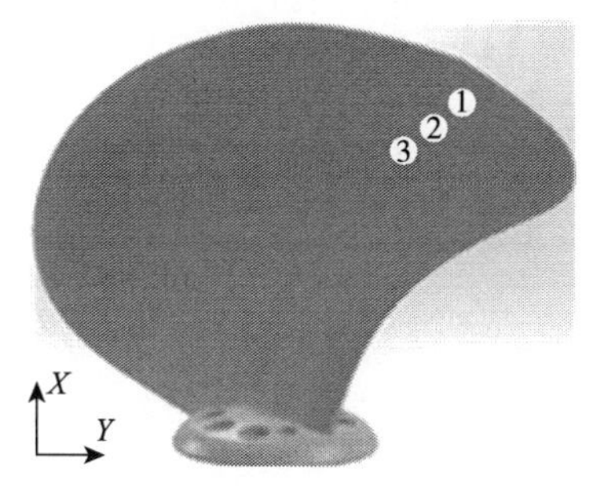

图 4.9　镍铝青铜螺旋桨上的三个测量点

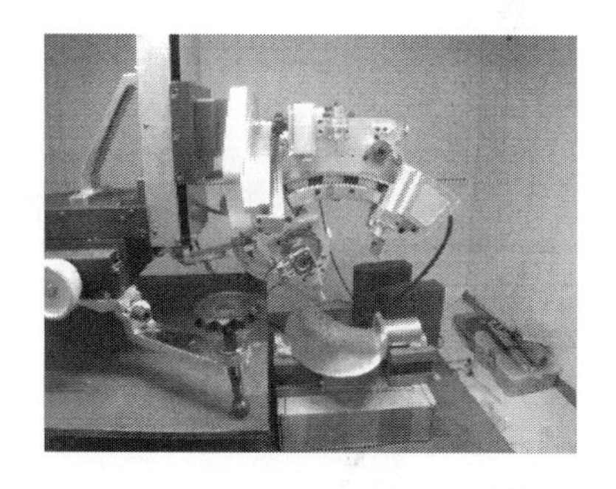

图 4.10　实验照片

因为这里关注的是，本书所提出的贝叶斯方法是否优于现有的仪器方法，而不是残余应力的值本身，所以这里只检查残余测量的性能度量指标 R^2，如表 4.11 所示。

表 4.11　六组残余应力测量实验的 R^2 指标

测量点	仪器方法	贝叶斯方法
点 1 的 X 方向（$X1$）	0.824	0.844
点 1 的 Y 方向（$Y1$）	0.994	0.997
点 2 的 X 方向（$X2$）	0.761	0.813
点 2 的 Y 方向（$Y2$）	0.966	0.934
点 3 的 X 方向（$X3$）	0.936	0.946
点 3 的 Y 方向（$Y3$）	0.553	0.696

如表 4.11 所示，除了点 2 处的 Y 方向（$Y2$）R^2 指标值，贝叶斯方法的 R^2 指标值全

部大于现有的仪器方法。这个现象说明，通过考虑不同的峰形函数，本书所提出的贝叶斯方法能够改进当前的残余应力测量。

4.3 应变–温度精密测量与贝叶斯统计模型

切削加工过程中工件表面层同时产生局部高温和高应变，产生应变能和热能的快速转换，为揭示其中温度和应变的关系，本书试图通过使用扭曲光纤布拉格光栅（FBG）配置开发合适的传感器，使其能够同时精确地测量加工过程中的高温和大应变。此时有两个主要的问题：交叉敏感性和高阶敏感性导致的 FBG 非线性问题，以及测量误差和建模误差所导致的不确定性问题。在传统的非线性方法中，高阶交叉敏感项和高阶敏感性通常是被忽略的，它可以作为建模误差来处理。进一步地，FBG 传感器布置的不确定性所导致的测量误差是不可避免的。假设建模误差和测量误差服从高斯分布（Zhang et al.，2014；Zhang et al.，2013；Yuen，2010；Cheung et al.，2010；Ching et al.，2007），本节提出了贝叶斯非线性方法，对这些非线性和不确定性问题进行建模。所提出的方法不仅给出了温度和应变的精确解，而且以后验 PDF 的形式给出了所对应的不确定性。为了评估 FBG 的测量性能，分别定义了描述测量精度和一致性的指标。最后，构建了一个可控的高温和大应变实验平台，对所提出的方法进行验证。

4.3.1 考虑非线性和不确定性下的高温–大应变同步精密测量

1. 考虑非线性和不确定性下的扭曲 FBG 测量原理

1）扭曲 FBG 的基本测量原理

Frazão 等提出的扭曲配置的 FBG 如图 4.11 所示，其中 FBG1 呈直线布置，FBG2 以扭曲的方式布置在 FBG1 上（Silva et al.，2008；Silva et al.，2006；Frazão et al.，2005）。为了防止 FBG 被折断或引起功率损失，FBG2 的扭曲曲率应足够大。

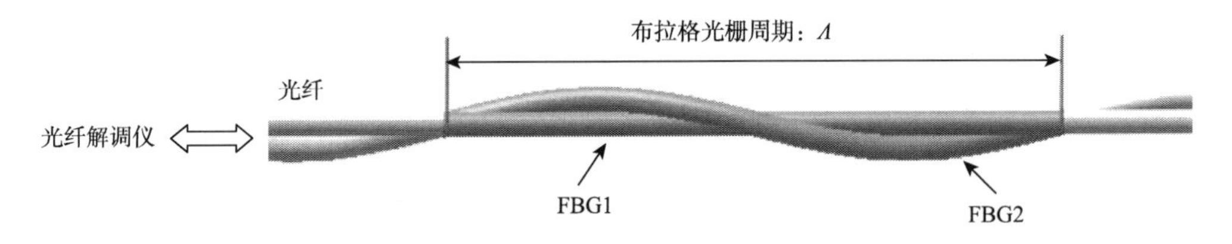

图 4.11 两个 FBG 的扭曲配置

FBG 的热敏感系数与光纤的热膨胀和热–光系数有关，FBG 的应变敏感系数与光纤的泊松比、光弹性系数、纤芯的有效折射率和光栅周期有关。因为扭曲配置改变了光栅周期，所以这两个 FBG 具有类似的热敏感系数，但是有不同的应变敏感系数。

扭曲 FBG 的基本测量原理是基于下面的双波长矩阵法：

$$\begin{bmatrix}\Delta\lambda_{B1} & \Delta\lambda_{B2}\end{bmatrix}=\begin{bmatrix}\Delta T & \Delta\varepsilon\end{bmatrix}\begin{bmatrix}K_{T1} & K_{T2}\\ K_{\varepsilon1} & K_{\varepsilon2}\end{bmatrix} \tag{4.49}$$

其中，下标 1 和 2 分别表示 FBG1 和 FBG2 的参数。

基本的测量步骤可分为两步：标定和测量。在标定时，首先将 FBG1 和 FBG2 放置在相同的温度–应变场中，记录随不同温度变化的 FBG 中心波长偏移量 $\Delta\lambda_{B1}$ 和 $\Delta\lambda_{B2}$，然后根据式（4.49）分别计算热敏感系数 K_{T1} 和 K_{T2}、应变敏感系数 $K_{\varepsilon1}$ 和 $K_{\varepsilon2}$。当进行测量时，通过对式（4.49）求逆，获得测量温度 ΔT 和测量应变 $\Delta\varepsilon$。

2）高温和大应变测量中的非线性特征

针对加工过程中的高温（>150℃）和大应变（200με）特点，这里考虑 FBG 测量过程中的温度和应变的交叉敏感项与高阶敏感项。根据光纤的耦合模方程，FBG 的中心波长满足以下布拉格方程：

$$\lambda_B = 2n_{\text{eff}}\Lambda \tag{4.50}$$

式中：λ_B 为布拉格中心波长；Λ 为光栅周期；n_{eff} 为光纤光栅的有效折射率。

布拉格中心波长 λ_B 是温度 T 和应变 ε 的函数，即

$$\lambda_B(\varepsilon,T)=n(\varepsilon,T)\Lambda(\varepsilon,T) \tag{4.51}$$

式中：n=2n_{eff}。

对式（4.51）进行泰勒级数展开，并简化为

$$\Delta\lambda_B(\varepsilon,T)=K_T\Delta T+K_\varepsilon\Delta\varepsilon+K_{T\varepsilon}\Delta T\Delta\varepsilon+K_T'\Delta T^2+K_\varepsilon'\Delta\varepsilon^2 \tag{4.52}$$

其中：

$$K_\varepsilon=\Lambda\frac{\partial n}{\partial\varepsilon}+n\frac{\partial\Lambda}{\partial\varepsilon},\quad K_T=\Lambda\frac{\partial n}{\partial T}+n\frac{\partial\Lambda}{\partial T},\quad K_\varepsilon'=\Lambda\frac{\partial^2 n}{\partial\varepsilon^2}+n\frac{\partial^2\Lambda}{\partial\varepsilon^2},\quad K_T'=\Lambda\frac{\partial^2 n}{\partial T^2}+n\frac{\partial^2\Lambda}{\partial T^2},$$

$$K_{T\varepsilon}=\frac{\partial}{\partial\varepsilon}\left(\Lambda\frac{\partial n}{\partial T}+n\frac{\partial\Lambda}{\partial T}\right)=\frac{\partial}{\partial\varepsilon}K_T$$

式中：K_T 为一阶热敏感系数；K_ε 为一阶应变敏感系数；$K_{T\varepsilon}$ 为热和应变的一阶交叉敏感系数；K_T' 为二阶热敏感系数；K_ε' 为二阶应变敏感系数。

从式（4.52）可以看出，当温度和应变同时作用在 FBG 上时，波长偏移量 $\Delta\lambda_B$ 不是温度引起的波长偏移和应变引起的波长偏移的简单叠加，它还受到温度和应变的高阶项影响，以及温度和应变之间交叉敏感项的影响，这反映了 FBG 对温度和应变同时测量时的非线性影响。

当测量低温和小应变时，温度和应变的高阶敏感项及交叉敏感项是能够忽略的，这时式（4.52）可简化为式（4.49）的线性模型。但是，对于高温和大应变的测量，非线性影响是不能忽略的。

3）考虑非线性和不确定的贝叶斯统计建模

考虑 FBG 测量过程中温度和应变的二阶敏感项和交叉敏感项，扭曲布置的两个 FBG 的非线性模型如下：

$$\begin{bmatrix}\Delta\lambda_{\mathrm{B1}} & \Delta\lambda_{\mathrm{B2}}\end{bmatrix}=\begin{bmatrix}\Delta T & \Delta\varepsilon & \Delta T\Delta\varepsilon & \Delta T^2 & \Delta\varepsilon^2\end{bmatrix}\begin{bmatrix}K_{T1} & K_{T2}\\ K_{\varepsilon1} & K_{\varepsilon2}\\ K_{T\varepsilon1} & K_{T\varepsilon2}\\ K'_{T1} & K'_{T2}\\ K'_{\varepsilon1} & K'_{\varepsilon2}\end{bmatrix} \tag{4.53}$$

其中，下标 1 和 2 分别表示 FBG1 和 FBG2 的参数。

式（4.53）可进一步写成如下矩阵形式：

$$\boldsymbol{y}=\boldsymbol{x}\boldsymbol{K} \tag{4.54}$$

式中：$\boldsymbol{y}=\begin{bmatrix}\Delta\lambda_{\mathrm{B1}},\Delta\lambda_{\mathrm{B2}}\end{bmatrix}$；$\boldsymbol{x}=\begin{bmatrix}\Delta T & \Delta\varepsilon & \Delta T\Delta\varepsilon & \Delta T^2 & \Delta\varepsilon^2\end{bmatrix}$；$\boldsymbol{K}=\begin{bmatrix}K_{T1} & K_{T2}\\ K_{\varepsilon1} & K_{\varepsilon2}\\ K_{T\varepsilon1} & K_{T\varepsilon2}\\ K'_{T1} & K'_{T2}\\ K'_{\varepsilon1} & K'_{\varepsilon2}\end{bmatrix}$。

该建模过程包括标定和测量两个步骤。标定的目的是通过测量已知温度和应变矩阵 $\boldsymbol{x}$ 下的中心波长偏移矩阵 $\boldsymbol{y}$，获得系数矩阵 $\boldsymbol{K}$。测量的目的是，通过使用上面的标定系数矩阵 $\boldsymbol{K}$，根据扭曲 FBG 的中心波长偏移矩阵 $\boldsymbol{y}$，获得温度和应变的测量值。

首先，介绍 FBG 温度-应变标定模型。因为扭曲布置的两个 FBG 的中心波长偏移响应是相对独立的，这样各个 FBG 的标定模型是类似的。因此，现在只考虑单个 FBG 的标定问题。

令 $\Delta\hat{\lambda}_{\mathrm{B}}$ 为测量的 FBG 中心波长偏移量，基于式（4.52）的非线性理论模型，测量方程如下：

$$\Delta\hat{\lambda}_{\mathrm{B}}=K_T\Delta T+K_\varepsilon\Delta\varepsilon+K_{T\varepsilon}\Delta T\Delta\varepsilon+K'_T\Delta T^2+K'_\varepsilon\Delta\varepsilon^2+w,\quad w\sim N\left(0,\sigma^2\right) \tag{4.55}$$

其中，w 包括测量误差和建模的测量不确定性，可建模为高斯分布 $w\sim N(0,\sigma^2)$。式（4.55）可写为如下矩阵形式：

$$\hat{y}=\boldsymbol{x}\boldsymbol{K}+w,\ \ w\sim N\left(0,\sigma^2\right) \tag{4.56}$$

式中：$\hat{y}=\Delta\hat{\lambda}_{\mathrm{B}}$；$\boldsymbol{x}=\begin{bmatrix}\Delta T & \Delta\varepsilon & \Delta T\Delta\varepsilon & \Delta T^2 & \Delta\varepsilon^2\end{bmatrix}$；$\boldsymbol{K}=\begin{bmatrix}K_T,K_\varepsilon,K_{T\varepsilon},K'_T,K'_\varepsilon\end{bmatrix}^{\mathrm{T}}$。

这里未知参数向量可表示为 $\boldsymbol{\theta}=\begin{bmatrix}\boldsymbol{K}^{\mathrm{T}} & \sigma^2\end{bmatrix}^{\mathrm{T}}$。令数据集 $D=\{\hat{y}_1,\hat{y}_2,\cdots,\hat{y}_N\}^{\mathrm{T}}$，$\boldsymbol{X}=\begin{bmatrix}\boldsymbol{x}_1,\boldsymbol{x}_2,\cdots,\boldsymbol{x}_N\end{bmatrix}^{\mathrm{T}}$，此时基于模型类 $\boldsymbol{M}$ 的测量中心波长偏移响应的似然函数为 $p\left(D\,|\,\boldsymbol{\theta},\boldsymbol{M}\right)$：

$$\begin{aligned}p\left(D\,|\,\boldsymbol{\theta},\boldsymbol{M}\right)&=\prod_{i=1}^{N}p\left(\hat{y}_i\,|\,\boldsymbol{\theta},\boldsymbol{M}\right)=\prod_{i=1}^{N}\frac{1}{\sqrt{2\pi}\sigma}\exp\left[-\frac{\left(\hat{y}_i-\boldsymbol{x}_i^{\mathrm{T}}\boldsymbol{K}\right)^2}{2\sigma^2}\right]\\&=\frac{1}{\left(2\pi\sigma^2\right)^{N/2}}\exp\left(-\frac{1}{2\sigma^2}\left|\hat{\boldsymbol{y}}-\boldsymbol{X}^{\mathrm{T}}\boldsymbol{K}\right|^2\right)\sim N\left(\boldsymbol{X}^{\mathrm{T}}\boldsymbol{K},\sigma^2\boldsymbol{I}\right)\end{aligned} \tag{4.57}$$

假设 $\boldsymbol{K}$ 的先验 PDF 是 $p\left(\boldsymbol{K}\,|\,\boldsymbol{M}\right)$，$\sigma^2$ 的先验 PDF 是 $p\left(\sigma^2\,|\,\boldsymbol{M}\right)$，则模型类 $\boldsymbol{M}$ 中 $\boldsymbol{\theta}$ 的

先验 PDF $p(\boldsymbol{\theta}|\boldsymbol{M})$ 是

$$p(\boldsymbol{\theta}|\boldsymbol{M})=p(\boldsymbol{K}|\boldsymbol{M})p(\sigma^2|\boldsymbol{M}) \tag{4.58}$$

根据贝叶斯公式，模型参数向量 $\boldsymbol{\theta}$ 的后验 PDF $p(\boldsymbol{\theta}|D,\boldsymbol{M})$ 为

$$p(\boldsymbol{\theta}|D,\boldsymbol{M})=cp(D|\boldsymbol{\theta},\boldsymbol{M})p(\boldsymbol{\theta}|\boldsymbol{M}) \tag{4.59}$$

式中：c 为归一化常数。

这里选择未知参数 $\boldsymbol{K}$ 和 σ^2 的共轭先验分布为高斯和逆伽马分布，即 $\boldsymbol{K}\sim N(\boldsymbol{K}_0,\Sigma_0)$，$\sigma^2\sim \mathrm{IG}(s_0,v_0)$。这样 $\boldsymbol{K}$ 和 σ^2 的后验分布也是高斯和逆伽马分布：

$$p(\boldsymbol{K}|\sigma^2,\hat{y},M_{\mathrm{G}})\sim N(\boldsymbol{K}_*,\sigma^2\Sigma_*^{-1}) \tag{4.60}$$

$$p(\sigma^2|\boldsymbol{K},\hat{y},\boldsymbol{M})\sim \mathrm{IG}_2\left(v_*+k,s_*+(\boldsymbol{K}-\boldsymbol{K}_*)^{\mathrm{T}}\Sigma_*(\boldsymbol{K}-\boldsymbol{K}_*)\right) \tag{4.61}$$

其中，

$$\Sigma_*=\Sigma_0+\boldsymbol{X}^{\mathrm{T}}\boldsymbol{X},\quad \boldsymbol{K}_*=\Sigma_*^{-1}\left(\Sigma_0\boldsymbol{K}_0+\boldsymbol{X}^{\mathrm{T}}\boldsymbol{X}\hat{\boldsymbol{K}}\right)$$

$$s_*=s_0+s+(\boldsymbol{K}_0-\hat{\boldsymbol{K}})^{\mathrm{T}}\left[\Sigma_0^{-1}+(\boldsymbol{X}^{\mathrm{T}}\boldsymbol{X})^{-1}\right]^{-1}(\boldsymbol{K}_0-\hat{\boldsymbol{K}}),\quad v_*=v_0+T$$

总之，当假设所需要的样本数是 R，设置预烧期是 R_0，则未知参数识别参数 $\boldsymbol{K}$ 和 σ^2 的后验 PDFs 可通过以下 Gibbs 算法获得：

（1）选择初始值（σ^2）$^{(0)}$，并设置 r=1；

（2）以式（4.60）的概率，抽取样本 $\boldsymbol{K}^{(r)}$；

（3）以式（4.61）的概率，抽取样本（σ^2）$^{(r)}$；

（4）设置 $r=r+1$，并返回步骤（2）和步骤（3），直到 $r>R_0+R$；

（5）舍弃参数的前 R_0 个样本值，使用剩余的 R 个样本来计算矩阵系数 $\boldsymbol{K}$ 和 σ^2 的后验 PDFs。

然后，介绍 FBG 温度-应变测量模型。当标定完 FBG1 和 FBG2 的系数向量 $\boldsymbol{\theta}$ 后，温度和应变值不能直接通过式（4.53）计算出来。其原因是式（4.53）本质上是一个关于温度 ΔT 和应变 $\Delta\varepsilon$ 的二元二次非线性方程组。二元二次非线性方程组有四组解，甚至可能会出现复数解。但很明显，只有一组解满足测量结果的物理意义。为了解决该问题，这里使用优化算法。首先对式（4.49）求逆，获得温度和应变的初始值：

$$[\Delta T\quad \Delta\varepsilon]=[\Delta\lambda_{\mathrm{B1}}\quad \Delta\lambda_{\mathrm{B2}}]\begin{bmatrix}K_{T1} & K_{T2}\\ K_{\varepsilon1} & K_{\varepsilon2}\end{bmatrix}^{-1} \tag{4.62}$$

然后对式（4.53）使用非线性优化算法，获得温度 ΔT 和应变 $\Delta\varepsilon$ 的测量值。

4）测量性能评价

首先，介绍测量精度的定义。使用上面获得的温度和应变的后验样本，这里分别定义“测量精度”和“测量一致性”，以评价 FBG 的测量性能。“测量精度”定义为，温度的测量值 ΔT_{m}（或应变测量值 $\Delta\varepsilon_{\mathrm{m}}$）在温度的真实值 ΔT（或应变真实值 $\Delta\varepsilon$）的 b%范围内的概率，则 FBG 的温度测量精度定义如下：

$$p(e_{T,\mathrm{m}}\leqslant b\%|\hat{\boldsymbol{\lambda}},\boldsymbol{M})=\int p(e_{T,\mathrm{m}}\leqslant b\%|\boldsymbol{\theta},\boldsymbol{M})p(\boldsymbol{\theta}|\hat{\boldsymbol{\lambda}},\boldsymbol{M})\mathrm{d}\boldsymbol{\theta} \tag{4.63}$$

其中

$$e_{T,\mathrm{m}} = \left| \frac{\Delta T_\mathrm{m} - \Delta T}{\Delta T} \right| \tag{4.64}$$

该定义可进一步表达为

$$\begin{aligned} & p\left(e_{T,\mathrm{m}} \leqslant b\% \mid \hat{\boldsymbol{\lambda}}, \boldsymbol{M}\right) \\ & = \int \left\{ \Phi\left[\frac{\left(1+\frac{b}{100}\right)\Delta T - \mu_{T_\mathrm{m}}(\boldsymbol{\theta})}{\sigma_{T_\mathrm{m}}(\boldsymbol{\theta})} \right] - \Phi\left[\frac{\left(1-\frac{b}{100}\right)\Delta T - \mu_{T_\mathrm{m}}(\boldsymbol{\theta})}{\sigma_{T_\mathrm{m}}(\boldsymbol{\theta})} \right] \right\} p\left(\boldsymbol{\theta} \mid \hat{\boldsymbol{\lambda}}, \boldsymbol{M}\right) \mathrm{d}\boldsymbol{\theta} \end{aligned} \tag{4.65}$$

其中，$\boldsymbol{\theta} = \left[\boldsymbol{\theta}^{(1)}, \boldsymbol{\theta}^{(2)}, \cdots, \boldsymbol{\theta}^{(k)}\right]$，$k = 1,2,\cdots,K$，是从后验 PDF $p\left(\hat{\boldsymbol{\lambda}} \mid \boldsymbol{\theta}, \boldsymbol{M}\right)$ 中获得的参数样本。类似于上面的温度测量定义，应变测量精度定义为

$$\begin{aligned} & p\left(e_{\varepsilon,\mathrm{m}} \leqslant b\% \mid \hat{\boldsymbol{\lambda}}, \boldsymbol{M}\right) \\ & \approx \frac{1}{R}\sum_{k=1}^{R} \left(\Phi\left\{ \frac{\left(1+\frac{b}{100}\right)\Delta \varepsilon - \mu_{\varepsilon_\mathrm{m}}\left[\boldsymbol{\theta}^{(k)}\right]}{\sigma_{\varepsilon_\mathrm{m}}\left[\boldsymbol{\theta}^{(k)}\right]} \right\} - \Phi\left\{ \frac{\left(1-\frac{b}{100}\right)\Delta \varepsilon - \mu_{\varepsilon_\mathrm{m}}\left[\boldsymbol{\theta}^{(k)}\right]}{\sigma_{\varepsilon_\mathrm{m}}\left[\boldsymbol{\theta}^{(k)}\right]} \right\} \right) \end{aligned} \tag{4.66}$$

在标定过程中，首先从联合高斯分布 N（$\boldsymbol{m}_i$，$\boldsymbol{S}_i$）中抽取温度敏感系数 K_{Ti} 和应变敏感系数 $K_{\varepsilon i}$ 的样本，然后根据式（4.62）计算所对应的测量温度样本 $\Delta T_\mathrm{m}^{(k)}$ [或应变样本 $\Delta\varepsilon_\mathrm{m}^{(k)}$]，最后根据式（4.65）和式（4.66）计算“测量精度”。

然后，介绍测量一致性的定义。“测量一致性”定义为，真实值（真实温度ΔT 或应变$\Delta\varepsilon$）与后验均值的相对误差（测量温度 ΔT_m 或应变 $\Delta\varepsilon_\mathrm{m}$），则 FBG 的温度测量一致性定义如下：

$$c_{T,\mathrm{m}} = \frac{\Delta T - E\left(\Delta T_\mathrm{m} \mid \hat{\boldsymbol{\lambda}}, \boldsymbol{M}\right)}{\sqrt{\mathrm{Var}\left(\Delta T_\mathrm{m} \mid \hat{\boldsymbol{\lambda}}, \boldsymbol{M}\right)}} \tag{4.67}$$

其中

$$E\left(\Delta T_\mathrm{m} \mid \hat{\boldsymbol{\lambda}}, \boldsymbol{M}\right) = \frac{1}{R}\sum_{r=1}^{R} \Delta T_\mathrm{m}^{(r)} \tag{4.68}$$

$$\mathrm{Var}\left(\Delta T_\mathrm{m} \mid \hat{\boldsymbol{\lambda}}, \boldsymbol{M}\right) = E\left(\Delta T_\mathrm{m}^2 \mid \hat{\boldsymbol{\lambda}}, \boldsymbol{M}\right) - E^2\left(\Delta T_\mathrm{m} \mid \hat{\boldsymbol{\lambda}}, \boldsymbol{M}\right) \tag{4.69}$$

类似于上面的温度测量一致性定义，应变测量一致性的表达式如下：

$$c_{\varepsilon,\mathrm{m}} = \frac{\Delta \varepsilon - E\left(\Delta \varepsilon_\mathrm{m} \mid \hat{\boldsymbol{\lambda}}, \boldsymbol{M}\right)}{\sqrt{\mathrm{Var}\left(\Delta \varepsilon_\mathrm{m} \mid \hat{\boldsymbol{\lambda}}, \boldsymbol{M}\right)}} \tag{4.70}$$

这里的测量一致性定义也可以理解为变异系数。

2. 实验设备及过程

首先搭建一个可控高温和大应变的实验平台。该实验平台由四个部分组成：①高温箱，主要是模拟不同的温度环境。②等强度梁结构和不同规格的砝码，用来模拟不同的应变状态。③FBG 和光纤解调仪，用来测量温度和应变。④热电偶及相应的数据采集卡（data acquisition card，DAQ），用来测量温度。在实验过程中，等强度梁结构被放置在高温箱中。实验设备的组成及其功能如表 4.12 所示，实验照片如图 4.12 所示。

表 4.12　实验设备的组成及功能

编号	设备名称	功能
1	高温箱（温度均匀度：≤±2 ℃）	模拟温度（8 个状态）
2	等强度梁结构及砝码	模拟应变量（12 个状态）
3	FBG 和光纤解调仪	两根 FBG 以扭曲缠绕方式粘贴在等强度梁上，同时测量温度和应变；一个温度参考 FBG，只测量温度
4	热电偶和 DAQ	测量温度

从图 4.12 可以看出，将两个扭曲布置的 FBG 粘贴到等强度梁结构的表面，然后施加不同规格的砝码来模拟不同的应变状态。为了记录实验环境的温度，分别将一个参考 FBG 和一个热电偶放置在等强度梁附近。这些 FBG 接入光纤解调仪，热电偶与 DAQ 相连接。

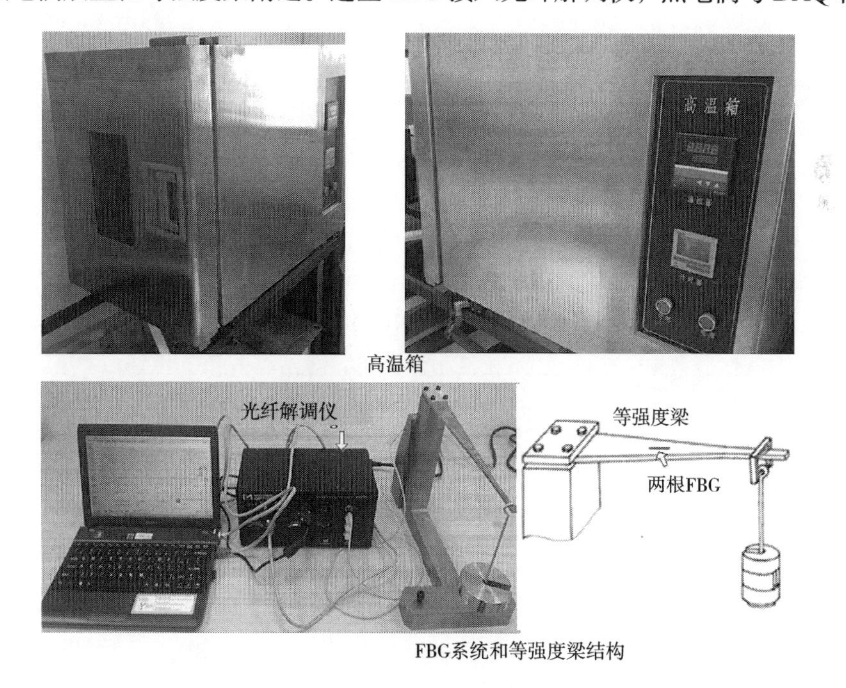

图 4.12　实验照片

在实验过程中，一共模拟 8 组不同的温度状态（用 T1~T8 来表示），12 组不同的应变状态（用 S1~S12 来表示）；其中最高温度是 260℃，最大应变是 539 με。该实验设计可作为一系列的交叉验证实验。依次改变高温箱的温度和不同规格砝码的重量，然后记录FBG

中心波长的偏移量 λ_{B1} 和 λ_{B2}。所模拟的不同实验状态如表 4.13 所示。

表 4.13　模拟的实验状态

<table>
<tr><td rowspan="2">应变状态</td><td>温度状态</td><td>T1</td><td>T2</td><td>T3</td><td>T4</td><td>T5</td><td>T6</td><td>T7</td><td>T8</td></tr>
<tr><td>温度/℃
应变/με</td><td>40</td><td>80</td><td>120</td><td>160</td><td>200</td><td>220</td><td>240</td><td>260</td></tr>
<tr><td>S1</td><td>0</td><td colspan="8" rowspan="12">FBG1 中心波长偏移 λ_{B1} …

FBG2 中心波长偏移 λ_{B2} …</td></tr>
<tr><td>S2</td><td>49</td></tr>
<tr><td>S3</td><td>98</td></tr>
<tr><td>S4</td><td>147</td></tr>
<tr><td>S5</td><td>196</td></tr>
<tr><td>S6</td><td>245</td></tr>
<tr><td>S7</td><td>294</td></tr>
<tr><td>S8</td><td>343</td></tr>
<tr><td>S9</td><td>392</td></tr>
<tr><td>S10</td><td>441</td></tr>
<tr><td>S11</td><td>490</td></tr>
<tr><td>S12</td><td>539</td></tr>
</table>

3. 温度-应变测量结果及评价

1）基于贝叶斯模型的温度-应变测量结果

首先，介绍 FBG 的温度测量结果。当应变是 441 με、490 με 和 539 με 时，不同状态的温度测量结果分别如图 4.13~图 4.15 所示。图中“○”表示真实温度，“*”表示贝叶斯线性模型所测量的温度值，“□”表示贝叶斯非线性模型所测量的温度结果。这里贝叶斯线性模型是根据线性方程式（4.49）建立的，模型中没有考虑非线性问题。

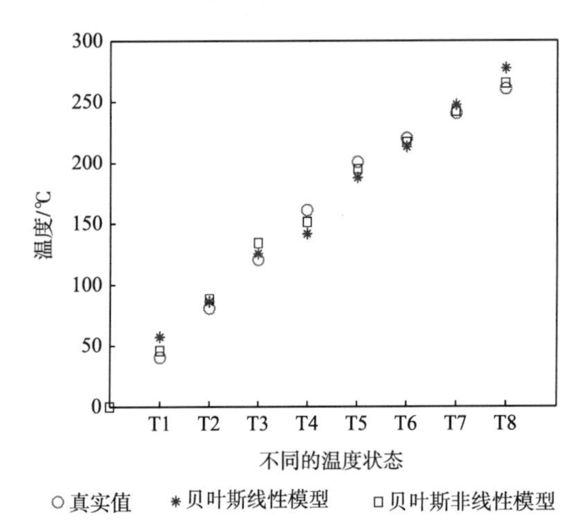

图 4.13　不同状态下的温度测量结果（441 με）

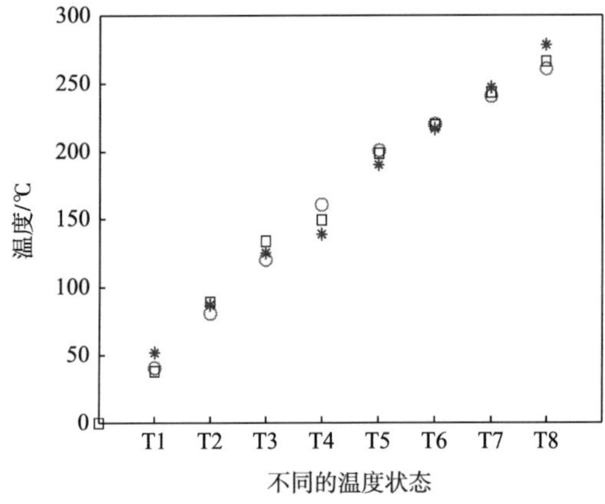

图 4.14　不同状态下的温度测量结果（490 με）

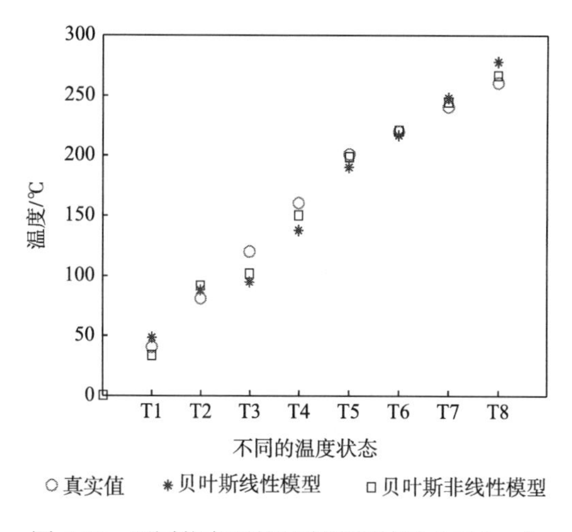

图 4.15　不同状态下的温度测量结果（539 με）

从图 4.13~图 4.15 可以看出，贝叶斯非线性模型的测量精度要好于贝叶斯线性模型。这说明，通过考虑交叉敏感项和高阶敏感项所引起的非线性因素，贝叶斯非线性模型能够获得比贝叶斯线性模型更高精度的测量结果。但是这个结论只是通过主观观察获得的，将在后面对前面所定义的“测量精度”和“测量一致性”指标做进一步的讨论。

然后，介绍 FBG 的应变测量结果。当温度为 220℃、240℃和 260℃时，12 组实验的应变测量结果分别如图 4.16~图 4.18 所示。图中“○”表示真实应变值，“*”表示贝叶斯线性模型所测量的应变值，“□”表示贝叶斯非线性模型所测量的应变结果。

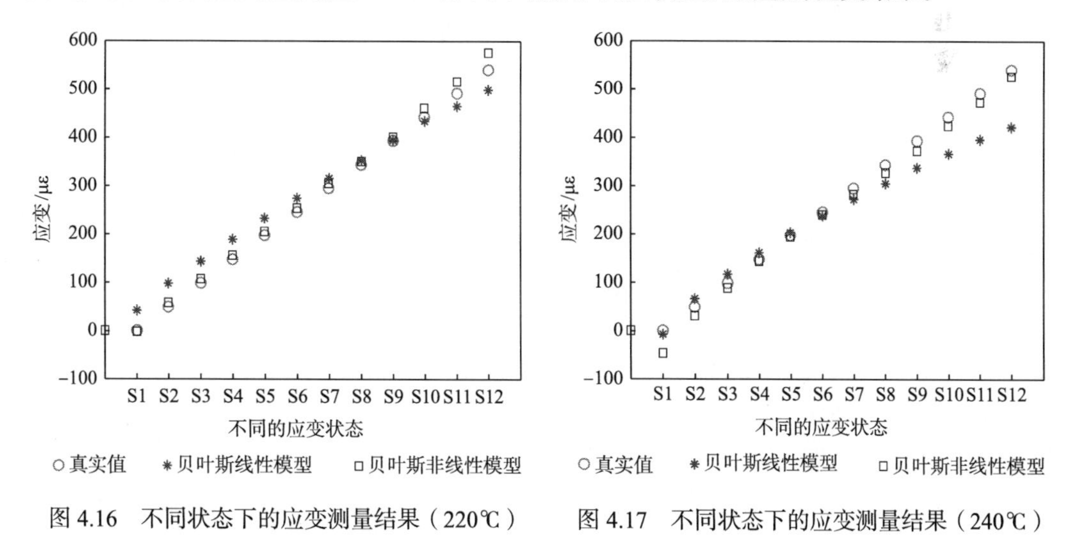

图 4.16　不同状态下的应变测量结果（220℃）　　图 4.17　不同状态下的应变测量结果（240℃）

从图 4.16 可以看出，贝叶斯线性模型的应变测量结果（用“*”表示）和贝叶斯非线性模型的应变测量结果（用“□”表示）都与真实的应变值一致。这说明，在该温度状态（220℃）下，FBG 的非线性特征不明显，这样贝叶斯线性模型和贝叶斯非线性模型都能够识别出应变值。进一步，通过考虑非线性问题，贝叶斯非线性模型的识别误差

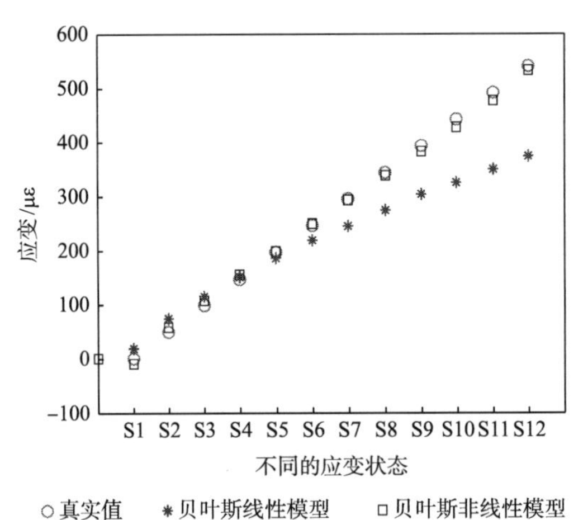

图 4.18　不同状态下的应变测量结果（260℃）

要小于贝叶斯线性模型，尤其是在状态 S1~S5。

观察图 4.17 中的“○”（真实应变值）和“*”（贝叶斯线性模型所测量的应变值），从状态 S8 到状态 S12，贝叶斯线性模型所测量的应变值不断地偏离真实应变值。另外，贝叶斯非线性模型所测量的应变值一直与真实应变值保持一致。其原因是，状态 S1 到状态 S7 的非线性特征不明显，这样贝叶斯线性模型和贝叶斯非线性模型都能够获得良好的结果；但是从状态 S8 到状态 S12，非线性特征逐渐变得明显，在这种情况下，贝叶斯非线性模型的测量精度要比贝叶斯线性模型高。

从图 4.18 可以看出，从状态 S6 到状态 S12，贝叶斯线性模型（用“*”表示）的应变测量误差不断增加，这个现象类似于图 4.17。另外，贝叶斯非线性模型所测量的应变值一直接近于真实应变值。对比图 4.17 和图 4.18，图 4.18 中的非线性特征比图 4.17 更为明显，尤其是从状态 S6 到状态 S12。这是因为图 4.18 的温度（260℃）比图 4.17（240℃）的温度要高。在这种情况下，贝叶斯非线性模型仍然获得了良好的识别结果。

根据图 4.16~图 4.18，可以得出以下结论。对于低温情况下的小应变状态，贝叶斯线性模型能够精确地测量出应变值。但是对于大应变状态，如图 4.17 中的状态 S8~S12 和图 4.18 中的状态 S6~S12，贝叶斯线性模型的测量结果偏离于真实的应变值。这个结果说明，在高温和大应变情况下，FBG 的布拉格中心波长偏移量呈现出明显的非线性现象，从而导致了线性模型的应变测量误差。贝叶斯非线性模型纠正了贝叶斯线性模型中的测量误差，从而提高了应变的测量精度。

2）测量性能评价的结果

首先，介绍温度测量性能评价的结果。

以上的结论是通过主观观察得到的。下面用 4.3.1 节所定义的“测量精度”和“测量一致性”指标来评价温度和应变的测量性能。与温度测量结果相对应，当应变是 441 με、490 με 和 539 με 时，FBG 的温度测量精度和测量一致性结果分别如图 4.19~图 4.21 所示。图中黑色柱状表示贝叶斯线性模型所识别的结果，灰色柱状表示贝叶斯非线性模型的识别结果。图中（a）表示温度的测量精度结果，值越大，说明测量精度越高。图中（b）

表示温度的测量一致性结果，值越小，说明测量一致性越好。图（b）中的点画线表示温度测量一致性的±3σ，而虚线表示温度测量一致性的±6σ。这里“测量精度”指标中的 b 值设置为 10。

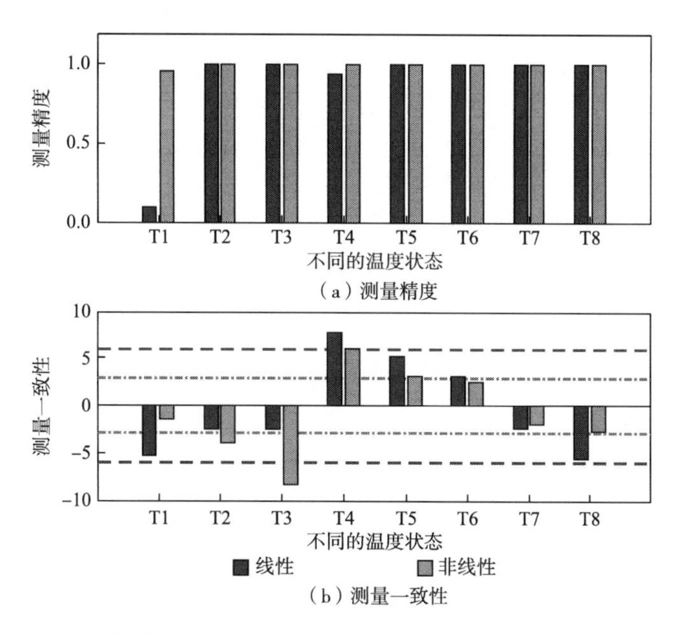

（a）测量精度

（b）测量一致性

图 4.19　不同状态下的温度测量精度和测量一致性的结果（441 με）

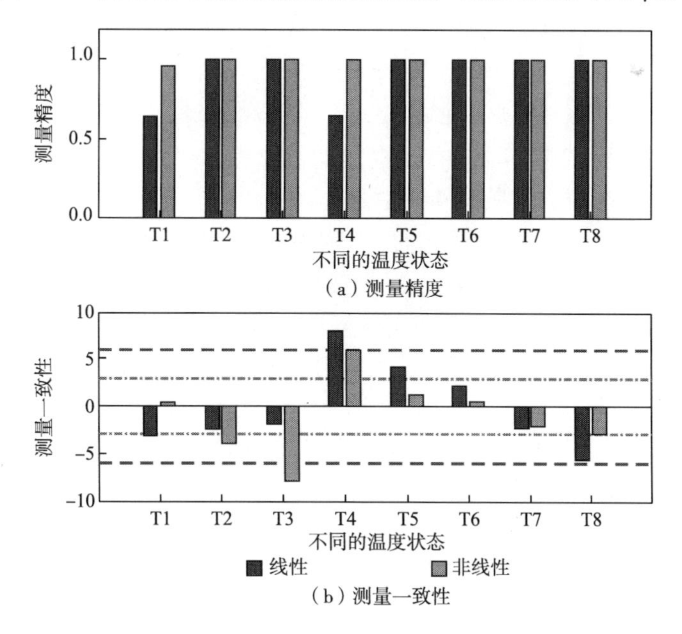

（a）测量精度

（b）测量一致性

图 4.20　不同状态下的温度测量精度和测量一致性的结果（490 με）

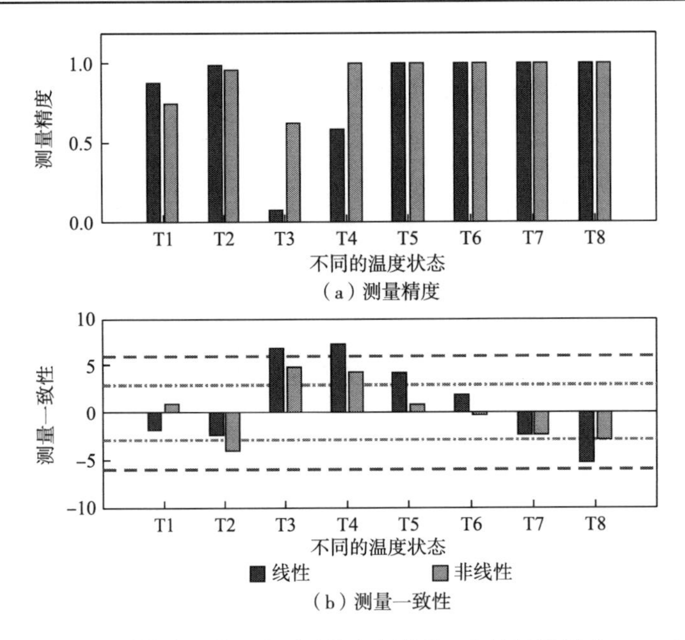

图 4.21　不同状态下的温度测量精度和测量一致性的结果（539 με）

观察图 4.19（a），贝叶斯线性模型在状态 T1（40℃）时的温度测量精度最低（接近于 0），它可以作为贝叶斯线性模型的随机误差。另外，对于剩余的状态，贝叶斯线性模型和贝叶斯非线性模型都能够获得良好的温度测量精度。

观察图 4.19（b），在状态 T2（80℃）和状态 T3（120℃），贝叶斯非线性模型的一致性值要高于贝叶斯线性模型。除了这两个状态，对于剩余的状态，贝叶斯非线性模型的一致性要好于贝叶斯线性模型。整体来说，从“测量精度”的角度来评价，贝叶斯线性模型和贝叶斯非线性模型都能够获得良好的结果；从“测量一致性”的角度来评价，贝叶斯非线性模型要好于贝叶斯线性模型。

对比图 4.19 和图 4.20 可以发现，这两个图中的温度测量精度和测量一致性结果是相近的，因此相应的结论也是类似的。

观察图 4.21（a），贝叶斯线性模型在状态 T3（120℃）时的温度测量精度最低（接近于 0）。对于剩余的状态，贝叶斯线性模型和贝叶斯非线性模型都能够获得良好的温度测量精度。观察图 4.21（b），在状态 T2（80℃），贝叶斯非线性模型的测量一致性值要高于贝叶斯线性模型。对于剩余的状态，贝叶斯非线性模型的测量一致性要好于贝叶斯线性模型。

根据图 4.19~图 4.21，可以得出以下结论。贝叶斯线性模型和贝叶斯非线性模型都能够获得良好的测量精度；贝叶斯非线性模型的测量一致性要好于贝叶斯线性模型。

然后，介绍应变测量性能评价的结果。

与前面的应变测量结果相对应，当温度是 220℃、240℃和 260℃时，FBG 的应变测量精度和测量一致性结果分别如图 4.22~图 4.24 所示。各个图中符号的意义与图 4.19~图 4.21 相同。需要注意的是，应变状态 S1 对应于 0 应变，此时测量精度没有物理意义。因此，下面的图中没有考虑状态 S1 的应变测量精度。

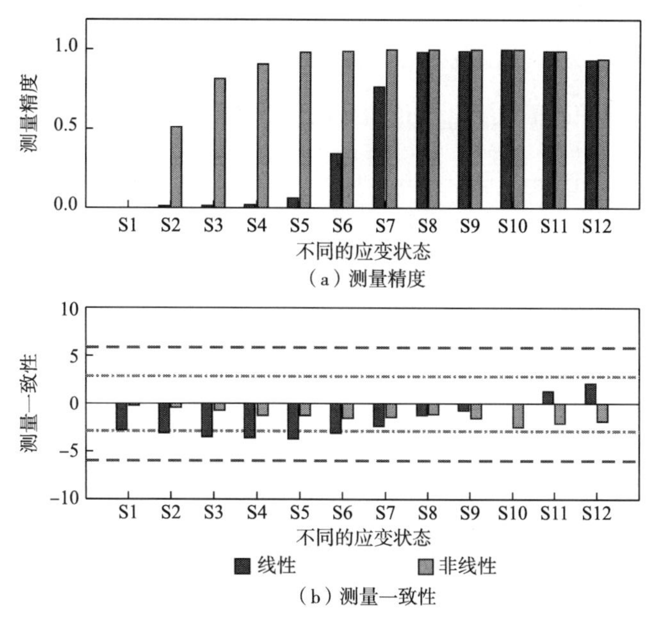

（a）测量精度

（b）测量一致性

图 4.22　不同状态下的应变测量精度和测量一致性的结果（220 ℃）

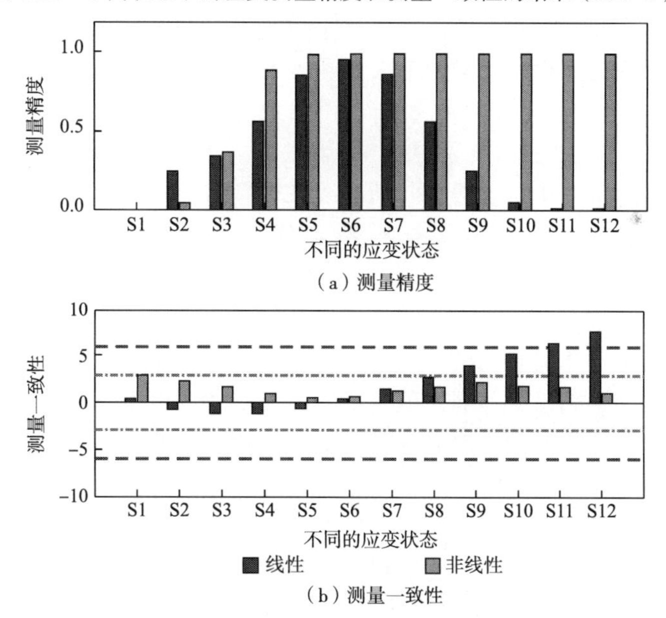

（a）测量精度

（b）测量一致性

图 4.23　不同状态下的应变测量精度和测量一致性的结果（240 ℃）

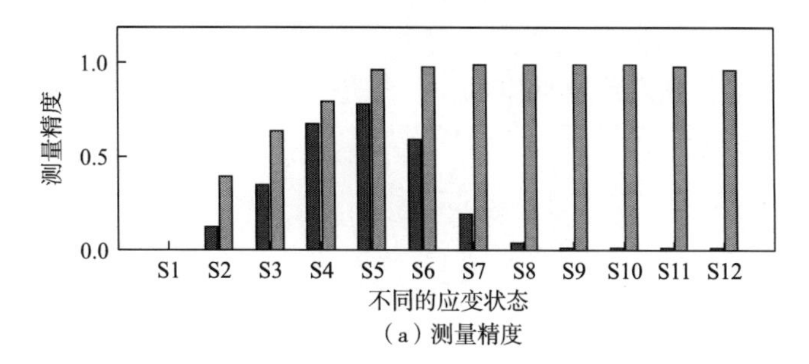

（a）测量精度

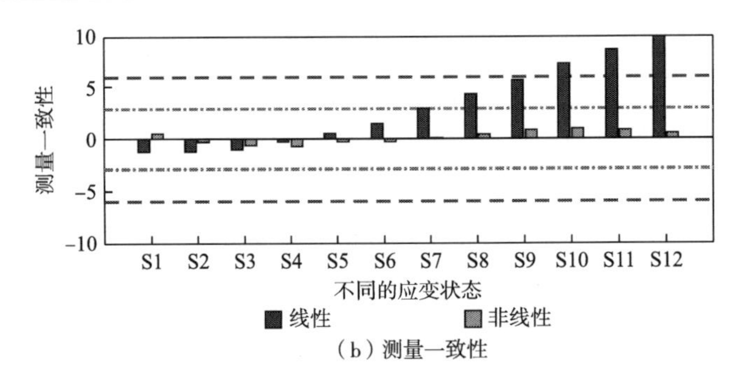

（b）测量一致性

图 4.24　不同状态下的应变测量精度和测量一致性的结果（260 ℃）

观察图 4.22（a），在状态 S2、S3、S4 和 S5，贝叶斯线性模型的应变测量精度接近于 0，这个也可以从图 4.16 中看出来。对于图 4.22（b）的应变测量一致性，贝叶斯非线性模型通常要好于贝叶斯线性模型。

观察图 4.23（a），在状态 S9、S10、S11 和 S12，贝叶斯线性模型的应变测量精度不断降低。这说明，贝叶斯线性模型的应变测量结果偏离了真实的应变值。这个现象也可以从图 4.17 中看出来。在状态 S2，贝叶斯非线性模型的应变测量精度接近于 0，它可以看成贝叶斯非线性模型的随机误差。除了这个随机误差，贝叶斯非线性模型的应变测量精度要好于贝叶斯线性模型，尤其是在大应变状态（S9、S10、S11 和 S12）。这个结论类似于图 4.17 的结论。

观察图 4.23（b），在状态 S9、S10、S11 和 S12，贝叶斯线性模型的应变测量一致性的值不断增加，而且都超过了$\pm 3\sigma$。贝叶斯非线性模型的应变测量一致性的值都小于$\pm 3\sigma$。这说明，从状态 S9 到 S12，FBG 的非线性特征破坏了贝叶斯线性模型的应变测量一致性。贝叶斯非线性模型的应变测量一致性要好于贝叶斯线性模型。

图 4.24 的结果类似于图 4.23，但是有两点不同。第一，在状态 S2，贝叶斯非线性模型的应变测量精度值大于贝叶斯线性模型。第二，从图 4.24（a）中的状态 S7 到状态 S12，贝叶斯线性模型的测量精度在不断降低，最后接近于 0。这说明在这些状态下，贝叶斯线性模型的应变测量是失败的，这也可以从图 4.18 中看出来。另外，贝叶斯非线性模型能够精确地测量相应的应变值。

3）温度和应变的联合概率密度分布

为了进一步验证上面的结论，温度和应变测量值的联合 PDF 如图 4.25 所示。作为一个典型代表，这里选择表 4.13 中的最后一个实验状态，即温度值为 260 ℃（T8），应变值为 539 με（S12）。该温度和应变值在表 4.13 中的所有实验状态中是最高的。图 4.25 中紫色“■”表示温度和应变的真实值，蓝色“*”表示贝叶斯线性模型生成的温度和应变样本，黄色“◦”表示所对应的样本均值。红色“◦”表示贝叶斯非线性模型生成的温度和应变样本，绿色“◦”表示所对应的样本均值。

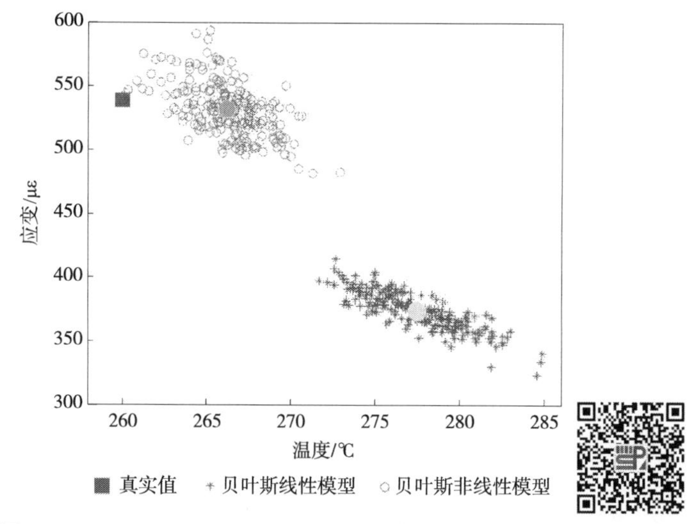

图 4.25　260 ℃和 539 με 下的测量温度和应变的联合 PDF

图 4.25 中的测量温度对应于图 4.21 中的状态 T8，其中贝叶斯非线性模型和贝叶斯线性模型的温度测量精度值都接近于 1；贝叶斯非线性模型和贝叶斯线性模型的温度测量一致性的值分别为−2.90 和−5.35。这说明，根据温度的精度指标，贝叶斯非线性模型和贝叶斯线性模型都能够精确地测量温度；但是，贝叶斯非线性模型的温度测量一致性要好于贝叶斯线性模型，这个可以从图 4.21 中的状态 T8 中看出来。

图 4.25 中的测量应变对应于图 4.24 中的状态 S12，其中贝叶斯非线性模型的应变测量精度值是 0.96，但是所对应的贝叶斯线性模型的应变测量精度值接近于 0；另外，贝叶斯非线性模型的应变测量一致性值为 0.61，所对应的贝叶斯线性模型的应变测量一致性值为 9.96。这说明，在该大应变状态下，贝叶斯非线性模型仍然能够精确地测量出应变值，但是贝叶斯线性模型测量失败；而且此时贝叶斯非线性模型的应变一致性小于 $\pm 3\sigma$，这个可以从图 4.24 的状态 S12 中看出来。

当使用扭曲布置的 FBG 同时测量高温和大应变时，FBG 的交叉敏感项和高阶敏感项会导致非线性问题。而且，测量误差和建模误差也会导致不确定性问题。通过同时考虑非线性和不确定性问题，本书提出了一个贝叶斯非线性方法来实现高温和大应变的精密测量。所提出的方法不仅给出了温度和应变的精确结果，而且以后验 PDF 的形式给出了所对应的不确定性。测量温度和应变的后验 PDFs 可用来评价其测量性能，如测量精度和测量一致性。

根据实验结果，不考虑非线性问题的贝叶斯线性模型能够测量出高温（可以从图 4.13~图 4.15 中看出），但是不能测量出大应变（可以从图 4.16~图 4.18 中看出）。但是贝叶斯非线性模型能够同时精确地测量出高温和大应变。使用定义的测量性能评价指标发现，贝叶斯非线性模型的测量精度和测量一致性通常要好于贝叶斯线性模型。

4.3.2　基于 FBG 和红外技术的切削温度场精密测量

当前采用红外成像测温法测量金属切削过程中的温度时，材料发射率的估计大部分是采用离线的方法，它仅适用于特定的金属表面状态。在实际的金属切削过程中，受表面粗糙度、氧化层等因素的影响，金属的表面状态是不同的，这样就导致了在不同的表面处材料的发射率不同。对于相同的金属表面，在不同的温度条件下，发射率也是不同的，尤其是在有剧烈温差的地方，如切削区域，这种现象更加明显。而当前的商业红外热像仪通常忽略了这些特点，往往只能设置一个单一的发射率值。

为了解决红外热像仪测量温度时发射率随温度变化而变化带来的测量误差，本书提出了一个能够识别不同温度条件下的发射率的方法。在本章中，所提出的方法使用 FBG 传感器和红外传感器，构造了一个双传感系统。首先，使用分布式的 FBG 传感器测量不同位置处的温度值。然后，计算出测量位置所对应的发射率值。考虑到不同测量点处发射率值的空间相关性和测量不确定性，本书提出了贝叶斯空间统计模型来估计整个测量区域的发射率空间分布。最后，根据所识别的发射率分布，纠正温度场。所提出的测量方法的基本流程图见图 4.26。

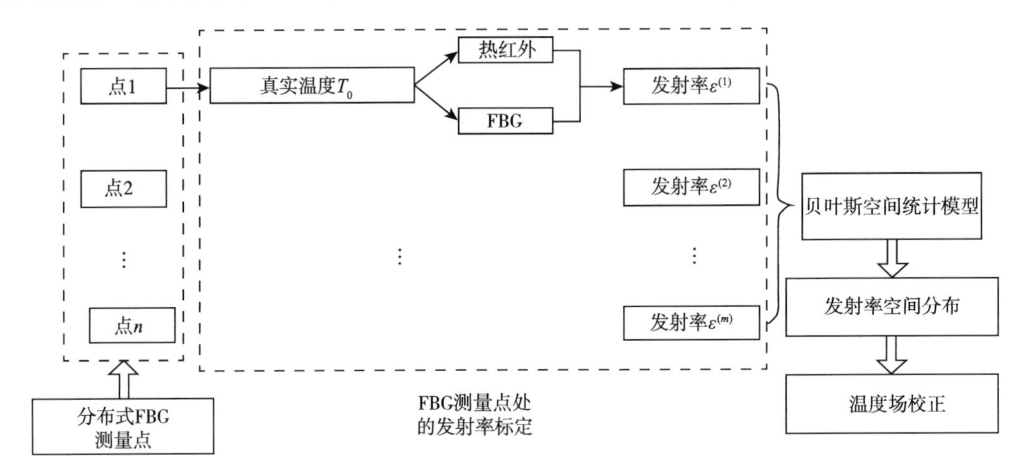

图 4.26　所提出测量方法的基本流程图

1. 理论背景

1）基于 FBG–红外双传感系统的发射率估计

根据红外温度测量的基本原理（Minkina et al.，2009），测量物体的真实温度 T_0 与红外热像仪的表征温度 T_{app} 之间的关系如下：

$$T_{\mathrm{app}}^{n}=\tau_{\mathrm{a}}\left[\varepsilon T_{0}^{n}+\left(1-\varepsilon\right)T_{\mathrm{u}}^{n}+\left(\frac{1}{\tau_{\mathrm{a}}}-1\right)T_{\mathrm{a}}^{n}\right] \tag{4.71}$$

式中：T_{a} 为大气温度；τ_{a} 为大气透射率；T_{u} 为环境温度；ε 为测量物体表面的发射率。

当红外热像仪的测量波长范围是 8 ~ 12 μm 时，$n = 3.9889$；当波长范围是 2 ~ 5 μm 时，$n = 9.2554$。当切削过程中使用红外热像仪来测量温度场时，测量距离通常很小（100~400 mm）。在这种应用场景下，大气的影响可忽略不计，即 $\tau_{\mathrm{a}}= 1$。这样式（4.71）可简化为

$$T_{\text{app}}^{n}=\varepsilon T_{0}^{n}+(1-\varepsilon)T_{\text{u}}^{n} \tag{4.72}$$

当使用 FBG 传感器来测量表面温度时，在此假设 FBG 的测量值 T_{FBG} 能够精确地表示真实温度 T_0，即 $T_0\approx T_{\text{FBG}}$。此时，发射率 ε_{m} 可按下式估计得出：

$$\varepsilon_{\text{m}}=\frac{T_{\text{app}}^{n}-T_{\text{u}}^{n}}{T_{0}^{n}-T_{\text{u}}^{n}}\approx\frac{T_{\text{app}}^{n}-T_{\text{u}}^{n}}{T_{\text{FBG}}^{n}-T_{\text{u}}^{n}} \tag{4.73}$$

对式（4.73）进行微分，得到式（4.73）所计算的发射率 ε_{m} 的测量误差：

$$\frac{\mathrm{d}\varepsilon_{\text{m}}}{\varepsilon_{\text{m}}}=\left(nT_{\text{app}}\frac{\mathrm{d}T_{\text{app}}}{T_{\text{app}}}-nT_{\text{u}}^{n}\frac{\mathrm{d}T_{\text{u}}}{T_{\text{u}}}\right)\left(T_{\text{app}}^{n}-T_{\text{u}}^{n}\right)^{-1}-\left(nT_{0}^{n}\frac{\mathrm{d}T_{\text{FBG}}}{T_{\text{FBG}}}-nT_{\text{u}}^{n}\frac{\mathrm{d}T_{\text{u}}}{T_{\text{u}}}\right)\left(T_{\text{FBG}}^{n}-T_{\text{u}}^{n}\right)^{-1} \tag{4.74}$$

其中，发射率 ε_{m} 的下标 m 指的是测量出来的发射率，而图 4.26 中的发射率 $\varepsilon^{(i)}$ 的上标指的是某个位置点 i 处的发射率。

根据式（4.74），产生发射率 ε_{m} 的测量误差的主要因素为：红外热像仪的仪器误差、FBG 测量误差及其他因素。

由于不同的表面状态和不同的表面温度，不同加工表面的发射率值通常是不同的。尽管 FBG 传感器能够方便地进行分布式测量，但是 FBG 的测量点是有限的。因此，基于式（4.73）不可能直接获得所有空间位置的发射率值。为了获得发射率的空间分布，本书基于发射率的测量不确定性和空间相关假设，提出了一个贝叶斯空间统计方法。

2）发射率的贝叶斯空间统计估计

假设测量表面不同位置上的发射率值是空间相关的。由于测量误差和建模误差的存在，这些发射率值满足稳态随机过程。根据上面的假设，使用贝叶斯空间统计方法对测量表面的发射率进行建模。总之，所建立的贝叶斯空间统计模型的最终目的是，将 FBG 的测量发射率值 $\varepsilon_{\text{m}}(x)$ 作为空间随机样本，然后利用贝叶斯空间统计模型，获得未测量区域 x_0 的发射率的无偏最优估计。

假设表面发射率 $\varepsilon(x)$ 是空间随机变量，并满足二阶稳态假设，则

$$y_{\text{i}}=\boldsymbol{f}_{i}^{\text{T}}\boldsymbol{\beta}+c_{i},\quad c_{i}\sim I.N\left(0,\sigma_{i}^{2}\right),\quad i=1,2,\cdots,N \tag{4.75}$$

其中，$\boldsymbol{f}_i^{\text{T}}\boldsymbol{\beta}$ 作为 y_i 的趋势项，被假设为线性模型，$\boldsymbol{f}_i(x)$ 是预先指定的线性独立的连续函数的向量，$\boldsymbol{\beta}\in\mathbf{R}^{\text{T}}$ 是未知的回归参数的向量；$I.N\left(0,\sigma_i^2\right)$ 表示均值为 0、方差为 σ_i^2 的独立正态分布，$\sigma_i^2=\sigma^2h(\boldsymbol{z}_i,\boldsymbol{\alpha})>0$，$\sigma^2$ 为测量数据的方差，$h\left(\boldsymbol{z}_t^{\text{T}}\boldsymbol{\alpha}\right)=\exp\left(\boldsymbol{z}_t^{\text{T}}\boldsymbol{\alpha}\right)$，$\boldsymbol{\alpha}\in\mathbf{R}^{l}$，$\boldsymbol{z}_t$ 表示第 t 个空间位置处的测量值。$\sigma_i^2=\sigma^2h(\boldsymbol{z}_i,\boldsymbol{\alpha})>0$，$h\left(\boldsymbol{z}_t^{\text{T}}\boldsymbol{\alpha}\right)=\exp\left(\boldsymbol{z}_t^{\text{T}}\boldsymbol{\alpha}\right)$，$\boldsymbol{\alpha}\in\mathbf{R}^{l}$。

令 $\boldsymbol{H}(\boldsymbol{\alpha})=\operatorname{diag}\left[1/h\left(\boldsymbol{z}_1^{\text{T}}\boldsymbol{\alpha}\right),1/h\left(\boldsymbol{z}_2^{\text{T}}\boldsymbol{\alpha}\right),\cdots,1/h\left(\boldsymbol{z}_T^{\text{T}}\boldsymbol{\alpha}\right)\right]$，则似然函数为

$$\begin{aligned}&L\left(\boldsymbol{\beta},\sigma^{2},\boldsymbol{\alpha}\middle|\boldsymbol{y}\right)\\&\propto\sigma^{-N}\sqrt{\left|\boldsymbol{H}(\boldsymbol{\alpha})\right|}\exp\left[-\frac{1}{2\sigma^{2}}(\boldsymbol{y}-\boldsymbol{F}\boldsymbol{\beta})^{\text{T}}\boldsymbol{H}(\boldsymbol{\alpha})(\boldsymbol{y}-\boldsymbol{F}\boldsymbol{\beta})\right]\\&\propto\sigma^{-T}\sqrt{\left|\boldsymbol{H}(\boldsymbol{\alpha})\right|}\exp\left(-\frac{1}{2\sigma^{2}}\left\{s(\boldsymbol{\alpha})+\left[\boldsymbol{\beta}-\hat{\boldsymbol{\beta}}(\boldsymbol{\alpha})\right]^{\text{T}}\boldsymbol{F}^{\text{T}}\boldsymbol{H}(\boldsymbol{\alpha})\boldsymbol{F}\left[\boldsymbol{\beta}-\hat{\boldsymbol{\beta}}(\boldsymbol{\alpha})\right]\right\}\right)\end{aligned} \tag{4.76}$$

其中，$\hat{\boldsymbol{\beta}}(\boldsymbol{\alpha})$是加权最小二乘估计，$s(\boldsymbol{\alpha})$是加权最小二乘估计残差的均方和：

$$\begin{cases}\hat{\boldsymbol{\beta}}(\boldsymbol{\alpha})=\left[\boldsymbol{F}^{\mathrm{T}}\boldsymbol{H}(\boldsymbol{\alpha})\boldsymbol{F}\right]^{-1}\boldsymbol{F}^{\mathrm{T}}\boldsymbol{H}(\boldsymbol{\alpha})\boldsymbol{y}\\ s(\boldsymbol{\alpha})=\boldsymbol{y}^{\mathrm{T}}\left\{\boldsymbol{H}(\boldsymbol{\alpha})-\boldsymbol{H}(\boldsymbol{\alpha})\boldsymbol{F}\left[\boldsymbol{F}^{\mathrm{T}}\boldsymbol{H}(\boldsymbol{\alpha})\boldsymbol{F}\right]^{-1}\boldsymbol{F}^{\mathrm{T}}\boldsymbol{H}(\boldsymbol{\alpha})\right\}\boldsymbol{y}\end{cases} \tag{4.77}$$

首先，确定先验分布。将未知参数$\boldsymbol{\beta}$，σ^2和$\boldsymbol{\alpha}$的先验分布记为φ（$\boldsymbol{\beta}$，σ^2，$\boldsymbol{\alpha}$），则可将其因式分解为

$$\varphi\left(\boldsymbol{\beta},\sigma^2,\boldsymbol{\alpha}\right)=\varphi\left(\boldsymbol{\beta},\sigma^2\mid\boldsymbol{\alpha}\right)\varphi(\boldsymbol{\alpha})=\varphi\left(\boldsymbol{\beta}\mid\sigma^2,\boldsymbol{\alpha}\right)\varphi\left(\sigma^2\mid\boldsymbol{\alpha}\right)\varphi(\boldsymbol{\alpha}) \tag{4.78}$$

这里选择$\boldsymbol{\beta}$和σ^2的先验分布为高斯和逆伽马分布的共轭先验，即

$$\begin{cases}\boldsymbol{\beta}\mid\sigma^2,\boldsymbol{\alpha}\sim N\left(\boldsymbol{\beta}_0,\sigma^2M_0^{-1}\right)\\ \sigma^2\mid\boldsymbol{\alpha}\sim \mathrm{IG}_2\left(v_0,s_0\right)\end{cases} \tag{4.79}$$

在此处选择$\boldsymbol{\alpha}$的先验分布为平坦先验，此时$\boldsymbol{\alpha}$的所有取值都具有相同的先验概率，φ（$\boldsymbol{\alpha}$）$\propto 1$。

然后，确定后验分布。根据所选择的先验分布，$\boldsymbol{\beta}$和$\sigma^2|\,\boldsymbol{\alpha}$的边缘后验分布（Bauwens et al.，2000）为

$$\begin{cases}\boldsymbol{\beta}|\boldsymbol{\alpha},\boldsymbol{y}\sim t_k\left(\boldsymbol{\beta}_*(\boldsymbol{\alpha}),\boldsymbol{M}_*(\boldsymbol{\alpha}),s_*(\boldsymbol{\alpha}),v_*\right)\\ \sigma^2\mid\boldsymbol{\alpha},\boldsymbol{y}\sim \mathrm{IG}_2\left(v_*,s_*(\boldsymbol{\alpha})\right)\end{cases} \tag{4.80}$$

其中

$$\begin{cases}\boldsymbol{M}_*(\boldsymbol{\alpha})=\boldsymbol{M}_0+\boldsymbol{F}^{\mathrm{T}}\boldsymbol{H}(\boldsymbol{\alpha})\boldsymbol{F}\\ \boldsymbol{\beta}_*(\boldsymbol{\alpha})=\boldsymbol{M}_*^{-1}(\boldsymbol{\alpha})\left[\boldsymbol{M}_0\boldsymbol{\beta}_0+\boldsymbol{F}^{\mathrm{T}}\boldsymbol{H}(\boldsymbol{\alpha})\boldsymbol{y}\right]=\boldsymbol{M}_*^{-1}\left[\boldsymbol{M}_0\boldsymbol{\beta}_0+\boldsymbol{F}^{\mathrm{T}}\boldsymbol{H}(\boldsymbol{\alpha})\boldsymbol{F}\hat{\boldsymbol{\beta}}\right]\\ s_*(\boldsymbol{\alpha})=s_0+s(\boldsymbol{\alpha})+\hat{\boldsymbol{\beta}}^{\mathrm{T}}(\boldsymbol{\alpha})\boldsymbol{F}^{\mathrm{T}}\boldsymbol{H}(\boldsymbol{\alpha})\boldsymbol{F}\hat{\boldsymbol{\beta}}(\boldsymbol{\alpha})-\boldsymbol{\beta}_*(\boldsymbol{\alpha})^{\mathrm{T}}\boldsymbol{M}_*(\boldsymbol{\alpha})\boldsymbol{\beta}_*(\boldsymbol{\alpha})\\ \qquad=s_0+s+\left[\boldsymbol{\beta}_0-\hat{\boldsymbol{\beta}}(\boldsymbol{\alpha})\right]^{\mathrm{T}}\left\{\boldsymbol{H}_0^{-1}+\left[\boldsymbol{F}^{\mathrm{T}}\boldsymbol{H}(\boldsymbol{\alpha})\boldsymbol{F}\right]^{-1}\right\}^{-1}\left[\boldsymbol{\beta}_0-\hat{\boldsymbol{\beta}}(\boldsymbol{\alpha})\right]\\ v_*=v_0+N\end{cases} \tag{4.81}$$

式中：$s_0>0$；$v_0>0$；$\beta_0\in\mathbf{R}^k$；$\boldsymbol{M}_0$为一个$k\times k$的对称正定矩阵，k为输入变量$\boldsymbol{F}$的维数（列数）；$\boldsymbol{F}$为$N\times k$的相关矩阵；$\boldsymbol{y}$为$N\times q$的输出矩阵；$\boldsymbol{\beta}$为$k\times q$的回归系数矩阵；$\boldsymbol{H}$为方差矩阵的逆。

得到

$$\begin{cases}E\left(\boldsymbol{\beta}\mid\boldsymbol{\alpha},\boldsymbol{y}\right)=\boldsymbol{\beta}_*\\ \mathrm{Var}\left(\boldsymbol{\beta}\mid\boldsymbol{\alpha},\boldsymbol{y}\right)=s_*/\left(v_*-2\right)\boldsymbol{M}_*^{-1}\\ E\left(\sigma^2\right)=s_*/\left(v_*-2\right)\end{cases} \tag{4.82}$$

此时，条件后验分布是

$$\begin{cases}\boldsymbol{\beta}\mid\sigma^2,\boldsymbol{\alpha},\boldsymbol{y}\sim N_k\left(\boldsymbol{\beta}_*,\sigma^2\boldsymbol{H}_*^{-1}\right)\\ \sigma^2\mid\boldsymbol{\beta},\boldsymbol{\alpha},\boldsymbol{y}\sim \mathrm{IG}_2\left(v_*+k,s_*+\left(\boldsymbol{\beta}-\boldsymbol{\beta}_*\right)^{\mathrm{T}}\boldsymbol{H}_*\left(\boldsymbol{\beta}-\boldsymbol{\beta}_*\right)\right)\end{cases} \tag{4.83}$$

对乘积$\varphi\left(\boldsymbol{\beta},\sigma^2\mid\boldsymbol{\alpha}\right)\cdot L\left(\boldsymbol{\beta},\sigma^2,\boldsymbol{\alpha}\middle|\boldsymbol{y}\right)$进行积分，可得到$\boldsymbol{\alpha}$的条件后验分布：

$$\varphi(\boldsymbol{\alpha}\mid\boldsymbol{y})\propto\left|\boldsymbol{H}(\boldsymbol{\alpha})\right|^{1/2}\left|\boldsymbol{M}_*(\boldsymbol{\alpha})\right|^{-1/2}s_*(\boldsymbol{\alpha})^{-(v_*-k)/2}\varphi(\boldsymbol{\alpha}) \tag{4.84}$$

最后，得到$\boldsymbol{\beta}$，σ^2和$\boldsymbol{\alpha}$的后验分布样本。为了获得$\boldsymbol{\beta}$，σ^2和$\boldsymbol{\alpha}$的后验分布样本，使用如下的直接抽样方法和 MCMC 方法（Jain，2009；Bauwens et al.，2000）：

（1）选择σ^2的初始值（σ^2）$^{(0)}$，并令r=1；

（2）根据条件概率$\boldsymbol{\beta}|\boldsymbol{\alpha},\boldsymbol{y}\sim t_k\left(\boldsymbol{\beta}_*(\boldsymbol{\alpha}),\boldsymbol{M}_*(\boldsymbol{\alpha}),s_*(\boldsymbol{\alpha}),v_*\right)$，抽样获得样本$\boldsymbol{\beta}^{(r)}$；

（3）根据条件概率$\sigma^2\mid\boldsymbol{\alpha},\boldsymbol{y}\sim\mathrm{IG}_2\left(v_*,s_*(\boldsymbol{\alpha})\right)$，抽样获得（$\sigma^2$）$^{(r)}$；

（4）根据概率$\varphi(\boldsymbol{\alpha}\mid\boldsymbol{y})\propto\left|\boldsymbol{H}(\boldsymbol{\alpha})\right|^{1/2}\left|\boldsymbol{M}_*(\boldsymbol{\alpha})\right|^{-1/2}s_*(\boldsymbol{\alpha})^{-(v_*-k)/2}\varphi(\boldsymbol{\alpha})$，利用 metropolis-Hastings 方法抽样获得$\boldsymbol{\alpha}^{(r)}$；

（5）令$r=r+1$，并返回步骤（2）至步骤（4），直到$r>R_0+R$；

（6）舍弃上面参数的前R_0个样本值，然后将剩余的R个样本作为$\boldsymbol{\beta}$，σ^2和$\boldsymbol{\alpha}$的后验分布样本。

当获得$\boldsymbol{\beta}$，σ^2和$\boldsymbol{\alpha}$的后验分布样本后，未测量区域x_0处的发射率的后验分布样本$\hat{\varepsilon}_{\mathrm{m}}(x_0)$可通过式（4.85）获得：

$$\hat{\varepsilon}_{\mathrm{m}}(x_0)\triangleq\hat{y}(x_0)=\boldsymbol{f}^{\mathrm{T}}\boldsymbol{\beta}^*+\boldsymbol{r}^{\mathrm{T}}\boldsymbol{H}(\boldsymbol{\alpha}^*)\left(\boldsymbol{y}-\boldsymbol{F}\boldsymbol{\beta}^*\right) \tag{4.85}$$

其中，$\boldsymbol{\beta}^*$和$\boldsymbol{\alpha}^*$分别表示从$\boldsymbol{\beta}$和$\boldsymbol{\alpha}$的后验分布样本中获得的最优估计值。

通过对后验分布样本进行统计分析，可得到所有区域的表面发射率的无偏最优估计和所对应的不确定性。校正后的温度场T_{corr}可计算为

$$T_{\mathrm{corr}}=\left\{\frac{1}{\hat{\varepsilon}}\left[T_{\mathrm{app}}^n-(1-\hat{\varepsilon})T_{\mathrm{u}}^n\right]\right\}^{\frac{1}{n}} \tag{4.86}$$

将发射率值的后验样本$\hat{\varepsilon}_{\mathrm{m}}(x_0)$代入式（4.86），可得到校正温度场$T_{\mathrm{corr}}$的后验分布样本。$T_{\mathrm{corr}}$的后验分布样本反映了校正后的温度场的统计信息，它能够用于估计最优温度场及其所对应的不确定性。

2. 仿真实验

1）仿真方法

本书的仿真过程分为三个步骤。第一步，对切削过程中红外温度场的测量过程进行仿真，包括切削温度场仿真、发射率空间分布的仿真及红外表征温度场的仿真。第二步，FBG 测量过程的仿真，包括 FBG 测量位置的选择、FBG 测量点处温度值的提取，并计算所对应的发射率值。第三步，温度场校正，包括整个测量表面的发射率空间分布的估计，以及温度场校正。第四步，为了评价所提出方法的精度性能，利用影响因子法来进行误差分析。仿真实验的基本流程图如图 4.27 所示。

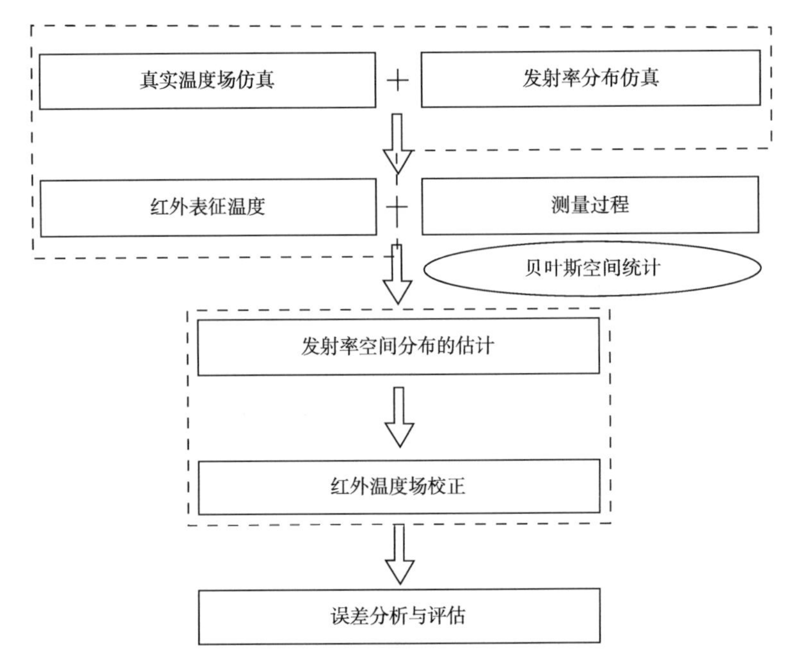

图 4.27　仿真实验的基本流程

一些参考文献（Lane et al.，2013；Heigel et al.，2010，2009）使用有限元分析（finite element analysis，FEA）的方法来对切削温度场进行建模。FEA 方法的主要不足是，FEA 软件的动态网格技术会导致单个节点值的不均匀空间划分。为了获得切削温度场的均匀空间数据点，Heigel 等（2010，2009）从红外图像的像素中提取所对应的温度场数据。但是，这个过程牵涉到温度值和红外图像的像素值之间的多次转换，因此，不可避免地会引入较大的转换误差。

因此，这里使用 Komanduri 等（2000）所提出的解析方法来对切削温度场进行建模。切削过程中剪切效应在 M（x，z）处产生的温度场如下：

$$T_M(x,z)=\frac{q_{\mathrm{sh}}}{2\pi\lambda}\int_0^L \exp\left[-\frac{V}{2a}\left(x+l_i\sin\phi\right)\right]\cdot\left[K_0\left(\frac{V}{2a}R_1\right)+K_0\left(\frac{V}{2a}R_2\right)\right]\mathrm{d}l_i \quad (4.87)$$

式中：q_{sh} 为剪切区域的热密度；a 为热扩散系数；λ 为导热系数；$K_0(\cdot)$ 为改进的贝塞尔函数；$R_1=\sqrt{\left(x+l_i\cos\phi\right)^2+\left(z+l_i\sin\phi\right)^2}$；$R_2=\sqrt{\left(x+l_i\cos\phi\right)^2+\left(z-l_i\sin\phi\right)^2}$。

剪切热源的热密度 q_{sh} 可计算为

$$q_{\mathrm{sh}}=\frac{F_{\mathrm{s}}}{wL}\frac{V\cos\alpha}{\cos(\varphi-\alpha)} \quad (4.88)$$

式中：L 为剪切热源的长度；w 为切削宽度；F_{s} 为剪切力；V 为切削速度；φ 为剪切角；α 为刀具前角。

使用上述解析模型对切削过程中的温度场进行仿真，如图 4.28（a）所示。仿真过程中所用的切削模型的参数如表 4.14 所示。

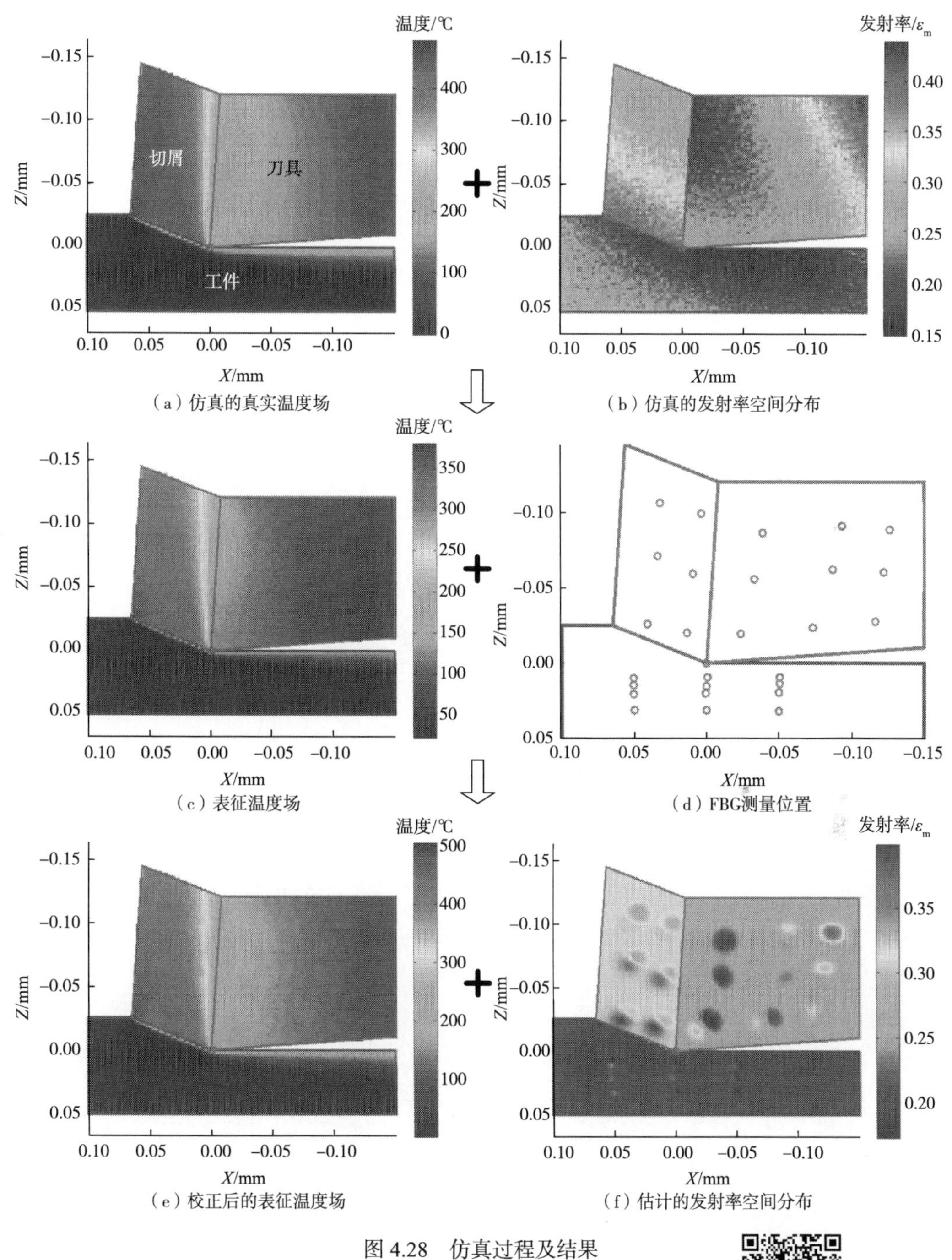

（a）仿真的真实温度场
（b）仿真的发射率空间分布
（c）表征温度场
（d）FBG测量位置
（e）校正后的表征温度场
（f）估计的发射率空间分布

图 4.28　仿真过程及结果

表 4.14　解析模型仿真切削温度场所用的建模参数（Komanduri et al.，2000）

建模参数	明细
工件材料	SAE B1113 钢
刀具材料	K2S 硬质合金
刀具前角	20°
刀具后角	5°
切削速度	V=139 m/min
未变形切屑厚度	$t_c = 0.006$ cm
切削宽度	$w = 0.384$ cm
切削接触长度	$L_c = 0.023$ cm
切削力	$F_c = 356$ N
进给力	$F_t = 125$ N
切削厚度比	$r = 0.51$
热扩散系数	$a = 0.1484$ cm^2/s
导热系数	λ=0.567 J/（cm · ℃）

从图 4.28（a）可以看出，仿真的切削温度场的最大温度是 450℃。在下面的分析中，使用该仿真的温度场作为真实的切削温度场 T_0。基于该仿真的真实温度 T_0，通过变换方程式（4.72），得到仿真的红外热像仪的表征温度 T_{app}：

$$T_{app} = \left[\varepsilon T_0^n + (1-\varepsilon) T_u^n\right]^{\frac{1}{n}} \tag{4.89}$$

可以看到发射率 ε 在红外表征温度场的仿真中发挥了关键作用。为了得到所仿真的表征温度场，利用式（4.90）获得仿真发射率 ε 的二维空间分布：

$$\varepsilon = \sin\left[4\pi(\xi_1 + \xi_2)\right] + \cos(3\pi\xi_1) + e_\varepsilon \tag{4.90}$$

其中，ξ_1 和 ξ_2 分别表示 ε 在二维空间的两个方向的发射率分量，并分别假设为幅值 ξ_1 和 ξ_2 的高斯分布。

为了研究发射率估计的不确定性对校正温度场的影响，在仿真的发射率上添加随机噪声 e_ε。因为根据发射率定义的物理意义，发射率值的范围为 0~1，所添加的噪声的平均幅值应比发射率值低一个数量级，即所添加噪声的幅值的数量级为 10^{-2}。在下面的“误差分析”一节中，一共仿真了 12 组不同幅值的随机噪声，所对应的平均幅值分别为 0.001、0.005、0.01、0.015、0.02、0.025、0.03、0.035、0.04、0.045、0.05、0.055。在该仿真中，使用 MATLAB 函数“randn”来生成随机噪声 e_ε。

仿真的发射率的空间分布如图 4.28（b）所示，仿真的红外热像仪的表征温度场如图 4.28（c）所示。如图 4.28（b）所示，仿真的工件的发射率范围为 0.1~0.2，仿真的刀具的发射率范围为 0.15~0.3，仿真的切屑的发射率范围为 0.25~0.4。需要注意的是，仿真的发射率场可能不符合实际切削过程中的发射率分布。这是因为，本节“仿真实验”的目的是通过对发射率空间分布的仿真，验证所提出的方法能否正确地校正温度场。

从图4.28（c）可以看出，所仿真的表征温度场的最大温度是381.8℃。对比图4.28（a）与（c），表征温度场和仿真的真实温度场之间的相对误差是31.3%（绝对误差为150.1℃），考虑到各种干扰和测量不确定性，实际的误差可能会更大。

首先，进行FBG测量过程的模拟。在仿真FBG测量的过程中，首先需要确定FBG分布式测量传感器的不同位置，然后提取测量位置的温度值，最后计算所对应的发射率值。

FBG传感器测量点的选择主要是基于切削温度场的特征。从图4.28（a）可以看出，靠近刀具尖端（主变形区和第二变形区）的小区域具有较高的温度和温度梯度。因此，这些区域具有较为密集的FBG传感器，而其他区域则布置了较为稀疏的FBG传感器。所选择的FBG测量位置如图4.28（d）所示，其中圆圈表示FBG的分布式测量位置。

假设FBG能够精确地测量温度值，使用仿真的真实温度T_0表示FBG传感器的测量温度值T_{FBG}：

$$T_{FBG} = T_0 + e_{FBG} \tag{4.91}$$

为了研究FBG的测量不确定性对校正温度的影响，在式（4.91）中添加随机噪声e_{FBG}。类似于式（4.90）中发射率估计的不确定性，添加随机噪声e_{FBG}的平均幅值要比仿真的温度值小一个数量级。因为仿真的温度场的幅值范围是25~480℃，所以所添加噪声的平均幅值的阶数为10。总之，在此仿真十组不同幅值的随机噪声，所对应的平均幅值分别为0、2、4、6、8、10、12、14、16、18。使用MATLAB中的“randn”来生成随机噪声e_{FBG}。

FBG测量点处的发射率值ε_m可由式（4.73）来估计。

然后，进行温度场校正。当获得FBG测量点处的发射率值ε_m后，使用本书所提出的贝叶斯空间统计的方法来估计整个表面区域的发射率ε_{Bayes}。所估计的发射率的空间分布如图4.28（f）所示。

最后，校正后的温度场T_{corr}按式（4.92）进行计算：

$$T_{corr} = \left\{ \frac{1}{\varepsilon_{Bayes}} \left[T_{app}^n - \left(1 - \varepsilon_{Bayes}\right) T_u^n \right] \right\}^{\frac{1}{n}} \tag{4.92}$$

校正后的表征温度场T_{corr}如图4.28（e）所示。对比图4.28（a）和（e），校正后的表征温度场和仿真的真实温度场的相对误差低于7.0 %（绝对误差为33.6℃）；该误差显著地低于最初表征温度的31.3%的误差。

实际上，有许多不利的因素影响发射率的估计精度，从而进一步影响温度场的校正，如FBG传感器的大小、FBG的测量不确定性误差、发射率估计的不确定误差。因此，为了评价校正温度场的精度性能，这里使用校正温度场T_{corr}和真实温度场T_0之间的均方根（root-mean-square，RMS）误差指标进行评价。这里考虑影响精度性能的三种因素：FBG传感器的大小、FBG的随机噪声e_{FBG}、发射率估计的不确定性误差e_ε。

2）误差分析

这里使用不同像素来模拟FBG传感器大小。具体地，以上面选择的FBG传感器的位置点为初始点，不断增加像素点的数目p，然后将这p个像素点的温度值进行平均，作为该区域的 FBG 测量温度值。FBG 传感器大小的仿真方法如图 4.29 所示。

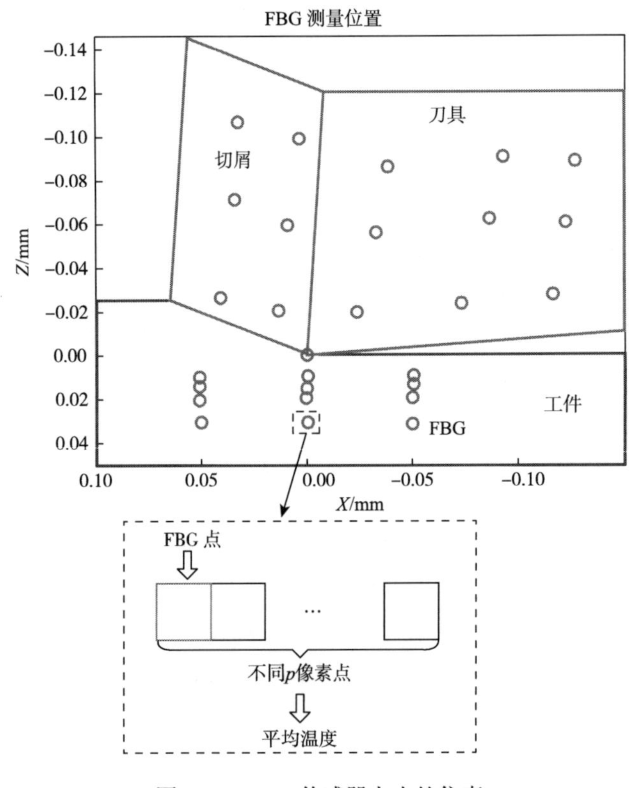

图 4.29　FBG 传感器大小的仿真

令 $p=1,2,\cdots,20$，选择 12 组不同传感器来评价 FBG 传感器大小对所提方法精度的影响。考虑到不同的 FBG 传感器大小，校正温度场和真实温度场之间的 RMS 误差如图 4.30 所示。

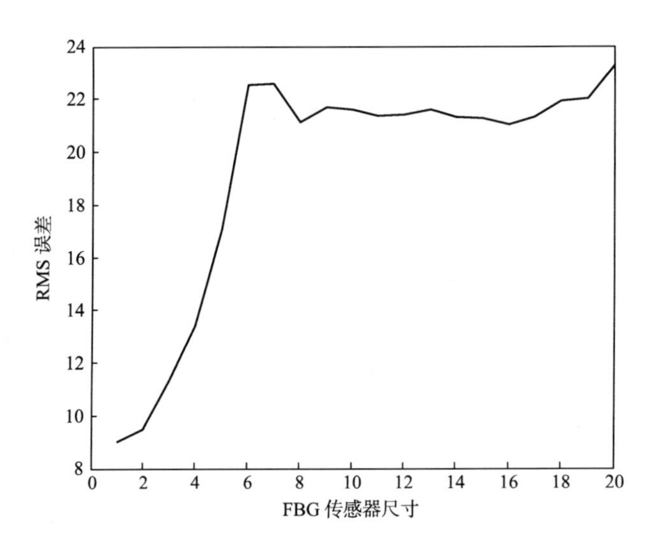

图 4.30　校正温度场和真实温度场之间的 RMS 误差（考虑不同的 FBG 传感器大小）

如图 4.30 所示，当仿真的 FBG 传感器大小为 1~6 时，RMS 误差逐渐增大；当仿真的 FBG 传感器大小超过 6 时，RMS 误差保持稳定。这个现象说明，当 FBG 传感器的大小处于某一范围时，其对 RMS 误差的影响是稳定的。

基于式（4.91），接下来仿真 FBG 随机噪声 e_{FBG} 的影响。考虑到 FBG 测量误差的不同幅值，校正温度场和真实温度场之间的 RMS 误差如图 4.31 所示。

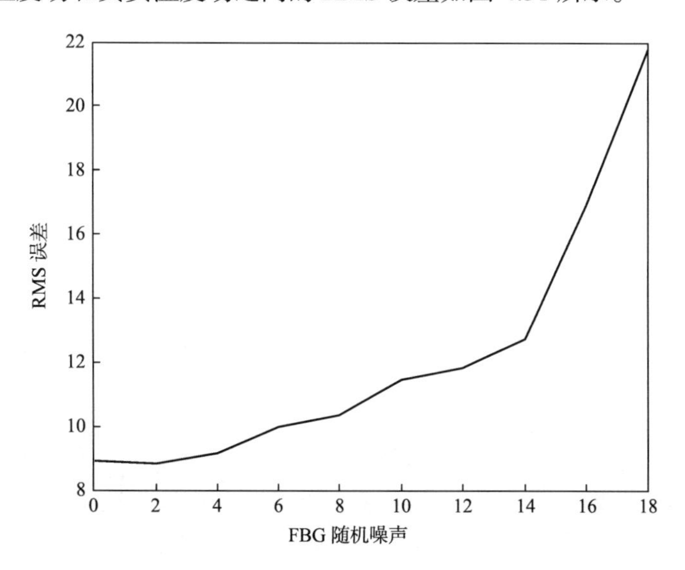

图 4.31　校正温度场和真实温度场之间的 RMS 误差（考虑 FBG 的随机噪声 e_{FBG}）

从图 4.31 可以看出，当增加的 FBG 随机噪声的幅值小于 8 时，RMS 误差缓慢增加。但是，当 FBG 的随机噪声幅值大于 8 时，RMS 的误差快速增加。

发射率估计不确定性的仿真根据式（4.90）来进行。考虑发射率估计误差的不同幅值，校正温度场和真实温度场之间的 RMS 误差如图 4.32 所示。

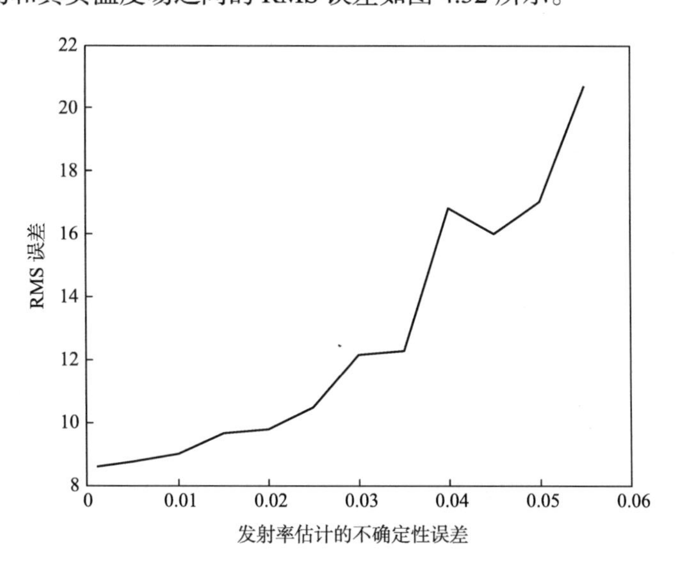

图 4.32　校正温度场和真实温度场之间的 RMS 误差（考虑发射率估计的不确定性误差 e_{ε}）

从图 4.32 可以看出，当增加的发射率估计不确定性误差的幅值小于 0.02 时，RMS 误差缓慢增加。当发射率估计不确定性误差的幅值大于 0.02 时，RMS 误差快速增加。

3. 实际加工实验

1）发射率曲线标定实验

为了验证本书所提出的方法对发射率估计的精度，本书首先在离线状态下，对工件和刀具在不同温度状态下的发射率曲线进行精确的标定。为了得到工件的发射率曲线，首先将材料为镍铝青铜合金的试件（大小为 100 mm×60 mm×20 mm）放置在高温箱中加热一段时间；然后将该试件从高温箱中取出，分别用 FBG 和红外热像仪测量该试件的温度 T_{FBG} 和 T_{app}；最后利用式（4.73）标定出镍铝青铜试件的发射率曲线。发射率曲线标定实验的照片如图 4.33 所示。红外热像仪的表征温度 T_{app} 与 FBG 测量温度 T_{FBG} 之间的关系曲线如图 4.34 所示。标定出的镍铝青铜试件的发射率曲线如图 4.35 所示。

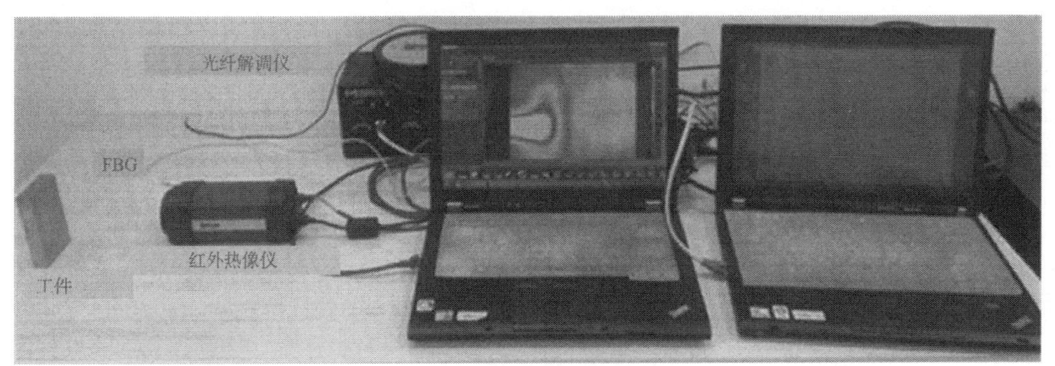

图 4.33　发射率曲线标定的实验照片

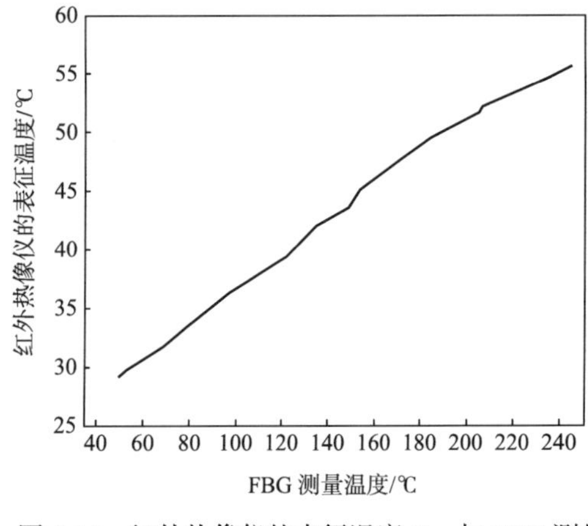

图 4.34　红外热像仪的表征温度 T_{app} 与 FBG 测量温度 T_{FBG} 之间的关系曲线

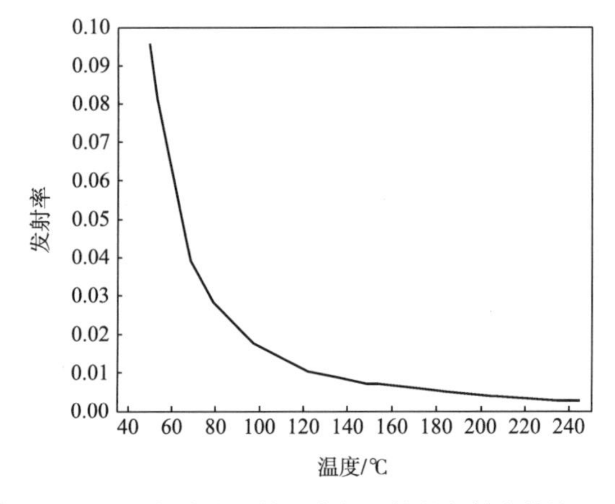

图 4.35　标定出的镍铝青铜试件的发射率曲线

从图 4.35 可以看出，镍铝青铜试件的发射率小于 0.1。当温度处于 40~120℃时，随着温度的增加，发射率值快速减小。当温度值超过 120℃时，发射率值小于 0.01，发射率值的减小逐渐趋于缓慢。

类似于标定镍铝青铜试件发射率的方法，下面使用 FBG 传感器和红外热像仪对刀尖处的发射率曲线进行标定。刀尖的照片和对应的红外图像如图 4.36 所示。所标定的刀尖处的发射率曲线如图 4.37 所示。

（a）刀尖

（b）红外图像

图 4.36　刀尖照片和对应的红外图像

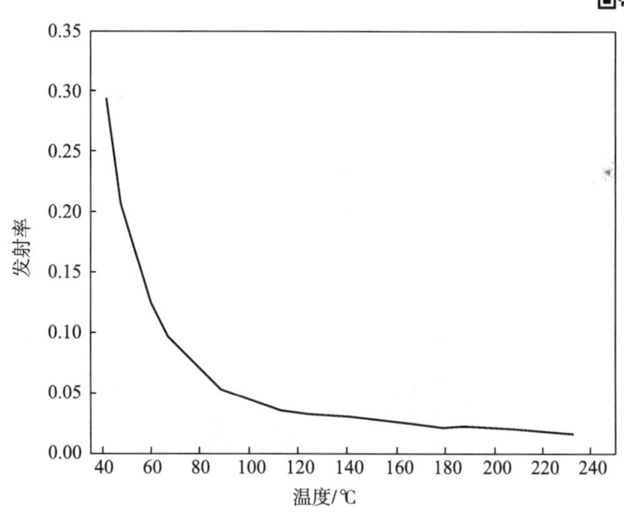

图 4.37　所标定的刀尖处的发射率曲线

从图 4.37 可以看出，刀尖处的发射率小于 0.3。当刀尖的温度范围为 40~120℃时，随着温度的增加，刀尖处的发射率快速降低。当温度超过 120℃时，刀尖处的发射率小于 0.05，而且发射率的减小逐渐趋于稳定。

需要注意的是，上面标定的发射率曲线只针对某一特定的镍铝青铜试件的表面状态。但是，在实际的切削过程中，镍铝青铜工件的表面状态是不断变化的。例如，粗加工的工件表面状态不同于精加工的表面状态，而且不同的切削参数所产生的工件表面状态也是不同的。因此，为了精确地测量温度场，需要准确地测量出不同温度和不同区域下的发射率值。

2）切削加工实验

为了验证所提出的方法，在一个刨床上开展了实际的切削实验。首先，将镍铝青铜材料的试件（大小为 100 mm×60 mm×20 mm）固定到刨床的移动平台上。然后，使用图 4.36 所示的刀具进行切削实验。在切削过程中，刀具固定到刨床的龙门梁上，工件随着移动平台进行直线运动。该切削实验的切削参数如表 4.15 所示，切削实验的照片如图 4.38 所示。

表 4.15　镍铝青铜切削加工实验中的切削参数

刀具参数	刀具材料	硬质合金
	前角	21.4°
	后角	9°
切削条件	切削速度	7 m/min
	切削厚度	0.1 mm
	切削宽度	20 mm

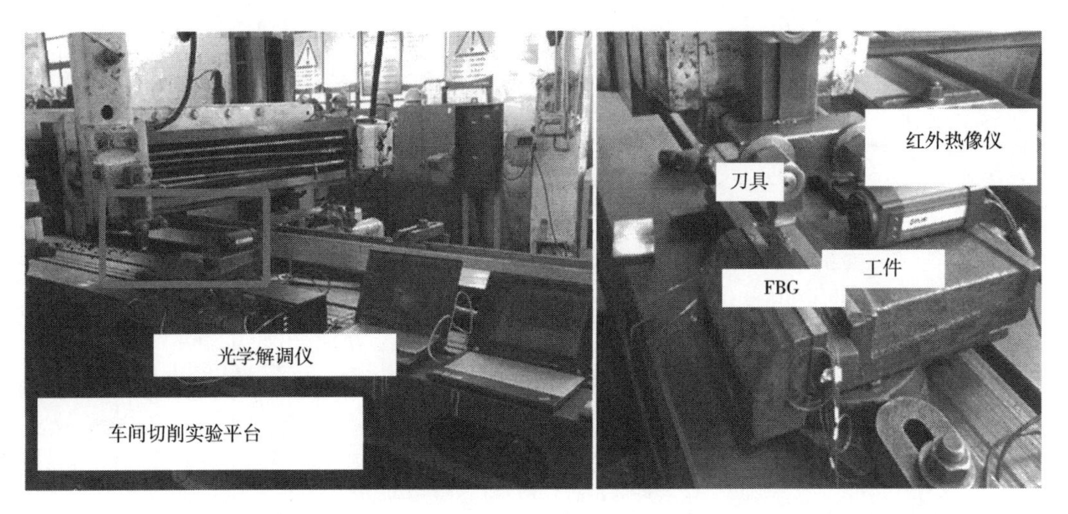

（a）FBG 传感器的现场布置　　（b）工件装夹与红外热像仪布置

图 4.38　切削实验的照片

图 4.38（a）是实验平台的整体图，图 4.38（b）是图 4.38（a）中矩形框的局部放大图。实验平台的数据采集系统分为两部分：①FBG 数据相关的数据采集系统，包括 FBG 传感器、光纤解调仪和所对应的数据采集软件（Micron Optics Inc®）；②红外数据相关的采集系统，包括红外热像仪和所对应的软件（FLIR Systems Inc®）。

在切削实验过程中，使用 FBG 和红外热像仪来同时测量切削过程中的温度场。为了避免 FBG 传感器对红外热成像的影响，这里设计了一个实验，让刀具切削侧的宽度稍微大于工件的宽度，使切削宽度等于工件的宽度（20 mm）。此时，工件两侧的温度场是完全相同的。这样，将 FBG 传感器粘贴到工件的一侧，用来测量工件该侧的温度场；然后使用红外热像仪测量工件的另一侧温度场，如图 4.38（b）所示。在这种情况下，FBG 和红外热像仪所测量的温度场是相同的。基本的实验原理如图 4.39 所示。

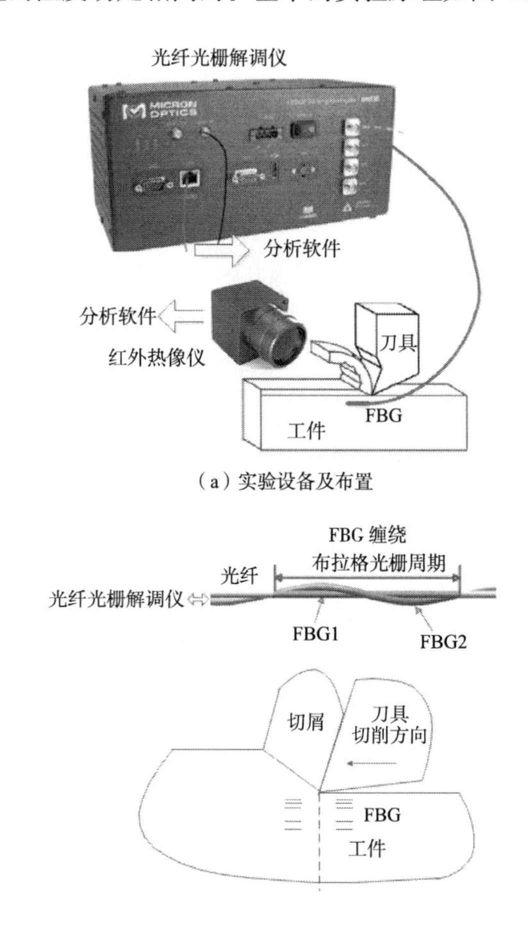

（a）实验设备及布置

（b）光纤光栅布置在工件上的位置

图 4.39　基本的实验原理

图 4.39（b）中的短线表示分布式的 FBG 传感器，一共 10 组 FBG 传感器，每组 FBG 传感器是由两个扭转布置的光栅组成的，它能够同时测量温度和应变。FBG 传感器的详细布置如图 4.40 所示。图 4.40 是镍铝青铜试件的侧视图，图中的单位是 mm。

图 4.40 中的“加持区域”是工件在刨床的移动平台上装夹固定的位置，它也可以从图 4.38（b）中看出。“热红外成像区域”是工件在红外热像仪中的热成像区域，这个可以从图 4.41 中看出。

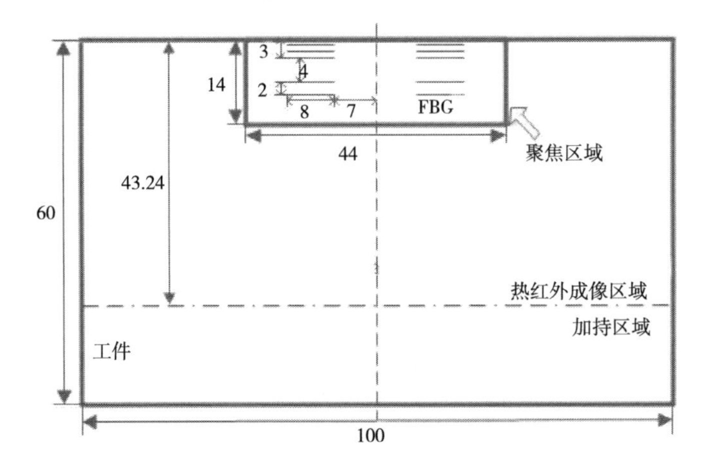

图 4.40　工件的侧视图及其详细的 FBG 布置图

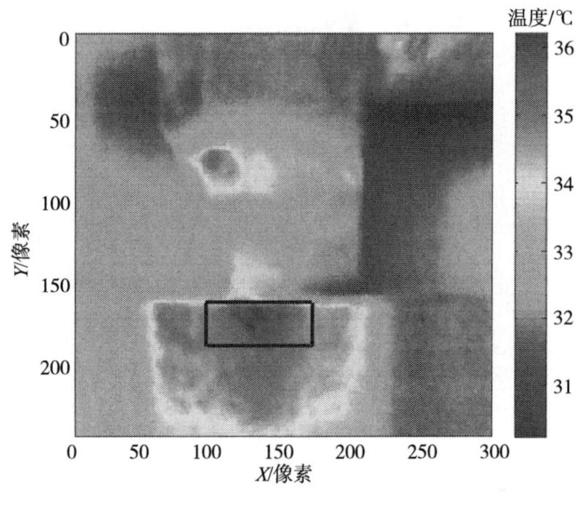

图 4.41　红外热像仪的红外表征温度场

图 4.40 中 FBG 传感器的位置布置主要基于切削过程中的温度场分布。刀尖接触工件附近区域处的温度场梯度较大，因此在该区域附近布置六组 FBG。更重要的是，通常研究人员只关注切削温度场靠近刀尖处的较小温度场，因此，图 4.40 中“聚焦区域”的温度场是下面重点分析的区域。

首先，介绍红外热像仪的红外表征温度场。选择红外热像仪获得的红外图像的某一帧，如图 4.41 所示，来验证所提出的方法。红外热图像的像素大小为 320 × 240，此时每个像素点的物理尺寸为 0.54 mm/像素。将图 4.41 中的矩形框作为切削温度场的“聚焦区域”来进行下面的分析。

从图 4.41 可以看出，最高的红外表征温度只有 36℃，这显然是不正确的。实际上，红外热像仪中的发射率设置通常是困难的。主要原因是，工件和刀具的发射率是不同的，即使是相同的材料和表面状态，不同的温度状态也会导致不同的发射率值。更严重的是，红外热像仪中的发射率只能设置为单一的值，这就造成了红外热像仪测量切削温度场的困难。因此，为了改进红外热像仪的温度测量精度，本书提出了一种新的方法，它能够测量工件在不同条件下的不同发射率值，从而对温度场进行校准。

“聚焦区域”的红外表征温度场如图 4.42 所示。图 4.42 中 10 个圆圈对应于分布式 FBG 传感器的测量位置，并用 FBG1~FBG10 来表示这 10 个位置。测量结果如图 4.42 所示，左上角区域的温度场较高，而右下角区域的温度场较低。

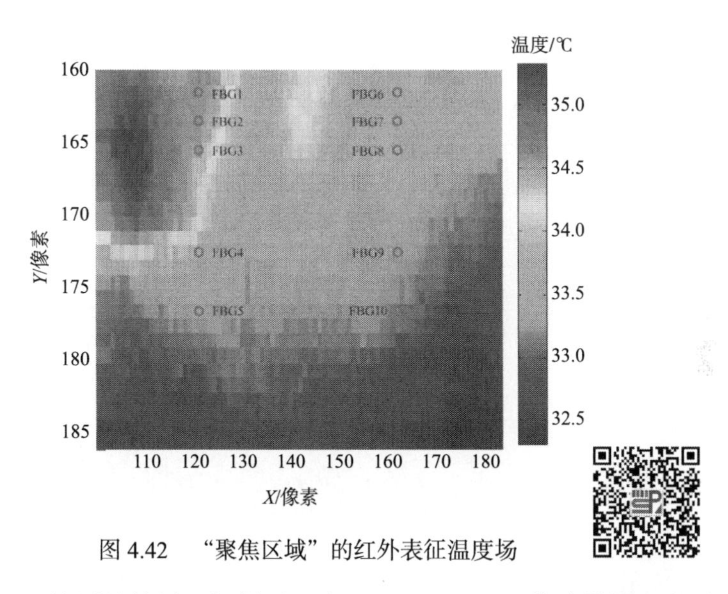

图 4.42　“聚焦区域”的红外表征温度场

其次，介绍 FBG 的测量结果。切削过程中，FBG1~FBG5 传感器的温度测量结果如图 4.43 所示。FBG6~FBG10 传感器中的温度趋势类似于 FBG1~FBG5 的测量结果，这两组 FBG 的不同点在于温度响应的时间延迟。因此，这里只显示 FBG1~FBG5 传感器的测量结果。

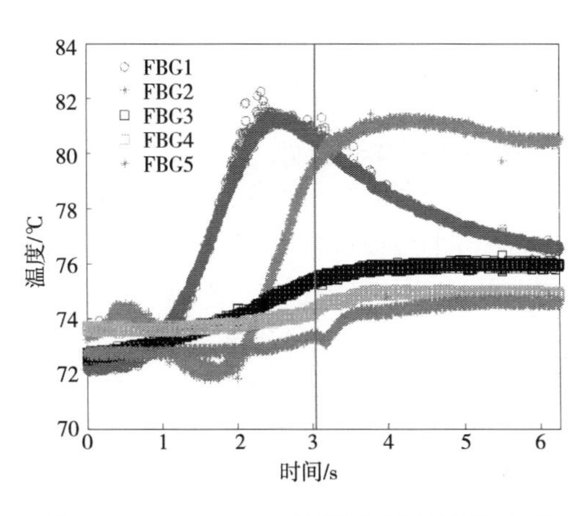

图 4.43　FBG1~FBG5 传感器的温度测量结果

从图 4.43 可以看出，随着刀具靠近 FBG 传感器，第一个 FBG 传感器 FBG1 测量的温度值快速上升，第二个 FBG 传感器 FBG2 的测量值随后也快速上升。这个现象说明，FBG1 比 FBG2 更靠近加工表面，因此 FBG1 的温度响应比 FBG2 的温度响应更快。FBG1 测量的最高温度为 82℃；FBG2 测量的最高温度为 81℃，略低于 FBG1 的测量值。另外，相对于 FBG1 和 FBG2，FBG3~FBG5 离加工表面更远一些，因此，这三个 FBG 传感器的温度升高过程更加延迟，而且 FBG3~FBG5 测量的最高温度值也低于传感器 FBG1 和 FBG2。

图 4.43 中垂直线时刻对应于图 4.41 和图 4.42 所示的温度场。下面将图 4.43 中垂直线时刻 FBG 的测量温度作为真实温度，校正图 4.42 中的红外表征温度场。

再次，介绍“聚焦区域”的校正温度场。使用本书所提出的方法，识别的“聚焦区域”的发射率空间分布如图 4.44 所示。

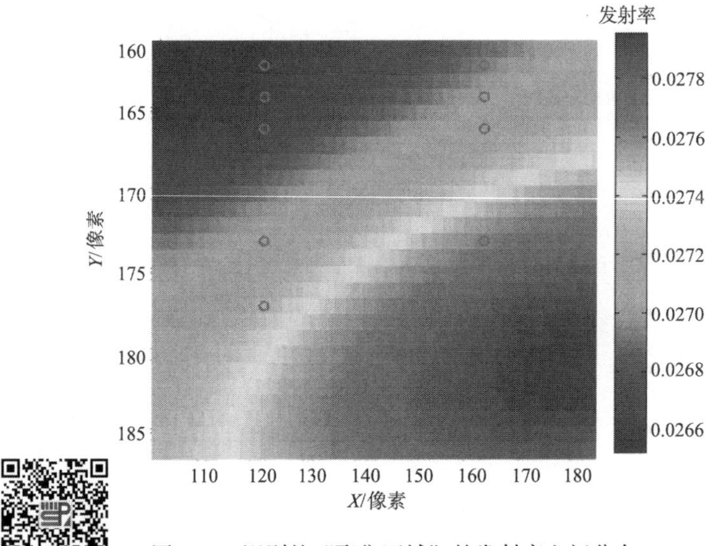

图 4.44　识别的“聚焦区域”的发射率空间分布

从图 4.44 可以看出，图 4.44 左上角的发射率识别值最小，它对应了图 4.42 左上角的高温区域。另外，图 4.44 右下角的发射率识别值较大，它对应了图 4.42 右下角的低温区域。从这里可以看出，所识别的发射率的变化趋势与图 4.35 中的发射率标定曲线相一致。

“聚焦区域”中校正后的温度场如图 4.45 所示。从图 4.45 可以看出，校正温度场中的最高温度为 81℃。对比图 4.42 和图 4.45 发现，校正温度场的空间分布形式与红外表征温度场的空间分布相一致。这个现象说明，本书所提出的方法保证了校正前后切削加工温度场的空间形式的一致性。下面对温度场的校正精度进行评价。

最后，进行精度性能评价。因为无论是利用有限元方法还是利用其他解析方法，获得完全符合实际加工条件的精确的温度场是困难的，而获得精确的发射率值较为容易（如上面的发射率曲线标定实验）。为了评价校正温度场的精度性能，这里通过评价发射率的估计精度，来间接评价温度场的精度。具体的做法是，将本书所识别的发射率值与发射率标定实验中的标定发射率值进行对比，从而进行对本书所提方法的精度评价。因为切削实验中的镍铝青铜工件的表面状态与标定实验中试件的表面状态是相同的，标定实验中的发射率标定值可作为切削实验中的真实发射率，从而对图 4.44 中识别的发射率进行评价，就是间接地评价图 4.45 中校正温度场的精度。

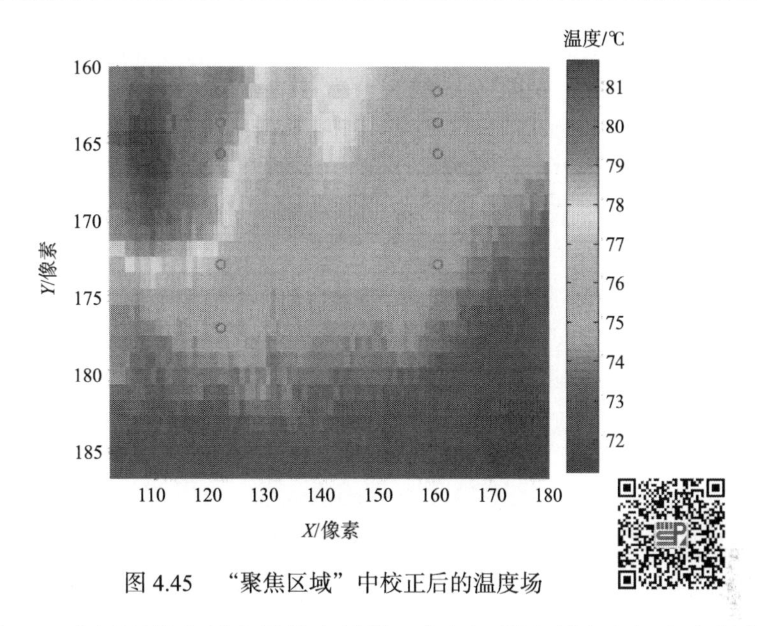

图 4.45　“聚焦区域”中校正后的温度场

为了评价图 4.44 中识别的发射率的精度性能，定义识别发射率和标定发射率之间的误差率为

$$\mathrm{Error}_{\varepsilon} = \left|\varepsilon_{\mathrm{iden}} - \varepsilon_{\mathrm{cal}}\right| / \varepsilon_{\mathrm{cal}} \cdot 100 \tag{4.93}$$

式中：$\varepsilon_{\mathrm{iden}}$ 为图 4.44 的识别发射率值；$\varepsilon_{\mathrm{cal}}$ 为标定实验中的标定发射率值；误差率 $\mathrm{Error}_{\varepsilon}$ 的单位是%。

识别发射率值与标定发射率值之间的误差率的空间分布如图 4.46 所示。

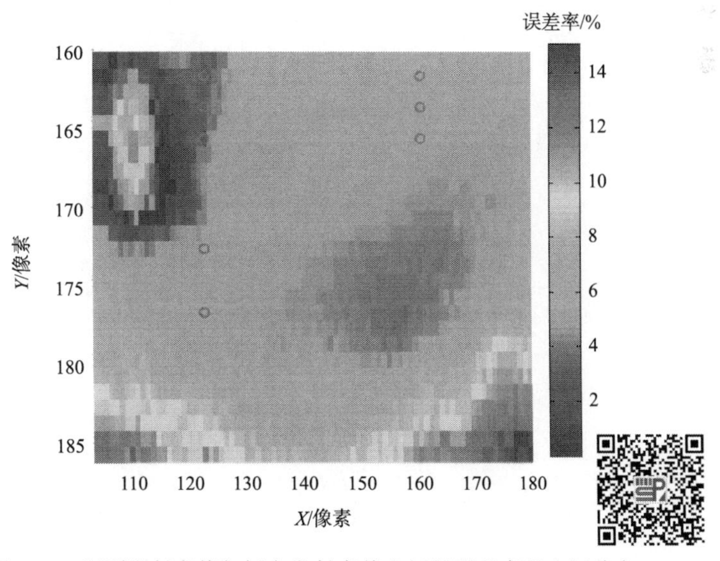

图 4.46　识别发射率值与标定发射率值之间的误差率的空间分布

从图 4.46 可以看出，大部分区域的误差率低于 6%。这个现象说明，对于大部分区域，本书所提出的方法能够以较高的精度（误差率小于 6%）识别出发射率值。图 4.46

中左下角和右下角区域的误差率大于 12%，这是因为这些区域远离 FBG 的测量点位置，所提出的方法不能有效地识别出这些区域的真实发射率值。图 4.46 中左上角部分区域的误差率也高于 10%，其原因是，该区域的温度场梯度在整个区域中最高，这个现象也可以从图 4.42 中看出。这种较高的温度场梯度导致了较高的发射率梯度，从而导致了识别发射率的较大误差。

对于当前市场的红外热像仪/相机，成熟的技术使红外热像仪自身的误差源已经尽可能降低，如相机敏感度和偏移量的标定、表征温度到真实温度的转换、相机的光学系统、电子系统及其他因素。这样，当使用商业的红外热像仪来测量切削过程中的温度场时，测量表面的发射率值的精度成为最重要的不确定性误差来源。本书提出了一个新的方法，通过建立 FBG 和红外的双传感系统，建立贝叶斯空间统计模型来精确地识别测量表面的发射率值。

在仿真实验过程中，本书首先对切削温度场的红外测量过程进行了模拟，然后模拟了 FBG 的测量过程，随后模拟了温度场的校正过程。为了评价所提出方法的精度性能，本书通过考虑三种对测量精度有不利影响的因素（FBG 传感器的大小、FBG 的随机噪声 e_{FBG}、发射率估计的不确定性误差 e_{ε}）对测量精度进行了评价。

在实际的加工过程中，开展了两个实验：第一个是发射率曲线的标定实验；第二个是实际的切削实验（刨削）。无论是利用有限元法还是解析方法，获得完全符合实际加工条件的真实温度场是不可能的。因此，将标定实验中的标定发射率值作为切削实验中的真实发射率，对本书方法所识别的发射率值（图 4.44）的精度进行评价，从而间接评价图 4.45 所示的校正温度场的精度。从图 4.46 可以看出，大部分区域的误差率低于 6%，这说明所提出的方法能够以较高的精度识别出发射率值（误差率小于 6%），从而证明了本书所提出方法的有效性。

参 考 文 献

傅淑芳，朱仁益，1998. 地球物理反演问题. 北京：地震出版社.

侯镇冰，1984. 固体热传导. 上海：上海科学技术出版社.

鲁照权，方敏，2014. 过程控制系统. 北京：机械工业出版社.

AFAZOV S M, 2009. Simulation of manufacturing processes and manufacturing chains using finite element techniques. Nottingham: University of Nottingham.

ARRAZOLA P J, ÖZEL T, UMBRELLO D, et al., 2013. Recent advances in modelling of metal machining processes. CIRP annals, 62(2): 695-718.

BAUWENS L, LUBRANO M, RICHARD J F, 2000. Bayesian inference in dynamic econometric models. Oxford: Oxford University Press.

BECK J L, AU S K, 2002. Bayesian updating of structural models and reliability using Markov chain Monte Carlo simulation. Journal of engineering mechanics, 128(4): 380-391.

BERGMANN J, MONECKE T, 2010. Bayesian approach to the Rietveld refinement of Poisson-distributed powder diffraction data. Journal of applied crystallography, 44(1): 13-16.

CARLTON J S, 2012. Marine propellers and propulsion. 3 ed. Butterworth-Heinemann: Elsevier.

CHEN L, EL-WARDANY T I, HARRIS W C, 2004. Modelling the effects of flank wear land and chip formation on residual stresses. CIRP annals, 53(1): 95-98.

CHEUNG S H, BECK J L, 2010. Calculation of posterior probabilities for Bayesian model class assessment and averaging from posterior samples based on dynamic system data. Computer-aided civil and infrastructure engineering, 25(5): 304-321.

CHING J Y, CHEN Y C, 2007. Transitional Markov chain Monte Carlo method for Bayesian model updating, model class selection, and model averaging. Journal of engineering mechanics, 133(7): 816-832.

DAHLMAN P, GUNNBERG F, JACOBSON M, 2004. The influence of rake angle, cutting feed and cutting depth on residual stresses in hard turning. Journal of materials processing technology, 147(2): 181-184.

DAVID W, 2001. Robust Rietveld refinement in the presence of impurity phases. Journal of applied crystallography, 34: 691-698.

DAVIM J P, 2010. Surface integrity in machining. Berlin: Springer.

FAN Y, 2000. Measurement of residual stresses using fracture mechanics weight functions. Office of scientific & technical information technical reports.

FRAZÃO O, FERREIRA L, ARAÚJO F, et al., 2005. Simultaneous measurement of strain and temperature using fibre Bragg gratings in a twisted configuration. Journal of optics a: pure and applied optics, 7: 427.

HEIGEL J C, WHITENTON E P, 2009. The effects of integration time and size-of-source on the temperature measurement of segmented chip formation using infrared thermography// Proceedings of the ASME 2009 international manufacturing science and engineering conference: 4-7.

HEIGEL J C, WHITENTON E P, 2010. The effects of emissivity and camera point spread function on the temperature measurement of segmented chip formation using infrared thermography// ASME 2010 international manufacturing science and engineering conference: 443-452.

HOGG III C, MULLEN K, LEVIN I, 2012. A Bayesian approach for denoising one-dimensional data. Journal of applied crystallography, 45(3): 471-481.

JAIN V, 2009. Computational statistics handbook with MATLAB-Review. Journal of the royal statistical society: series a(statistics in society). Blackwell Publishing Ltd: 942-943.

JAWAHIR I S, BRINKSMEIER E, M'SAOUBI R, et al., 2011. Surface integrity in material removal processes: recent advances. CIRP annals, 60(2): 603-626.

JIANG Y Y, SEHITOGLU H, 1994. An analytical approach to elastic–plastic stress analysis of rolling contact. Journal of tribology, 116(3): 577-587.

JOHNSON K L, 1987. Contact mechanics. New York: Cambridge University Press: 19.

KOMANDURI R, HOU Z B, 2000. Thermal modeling of the metal cutting process: part I—temperature rise distribution due to shear plane heat source. International journal of mechanical sciences, 42(9): 1715-1752.

KOMANDURI R, HOU Z B, 2001. Thermal modeling of the metal cutting process—part III: temperature rise distribution due to the combined effects of shear plane heat source and the tool–chip interface frictional heat source. International journal of mechanical sciences, 43(1): 89-107.

LANE B, WHITENTON E, MADHAVAN V, et al., 2013. Uncertainty of temperature measurements by infrared thermography for metal cutting applications. Metrologia, 50(6): 637-653.

LAZOGLU I, ULUTAN D, ALACA B E, et al., 2008. An enhanced analytical model for residual stress prediction in machining. CIRP annals, 57(1): 81-84.

LONGBOTTOM J M, LANHAM J D, 2006. A review of research related to Salomon's hypothesis on cutting speeds and temperatures. International journal of machine tools and manufacture, 46(14): 1740-1747.

LV K, 2007a. Basic knowledge of residual stress determination - lecture No. 3 stress determination method by X-ray(I). Physical testing and chemical analysis part a: physical testing, 4: 349-354.

LV K, 2007b. Basic knowledge of residual stress determination - lecture No. 4 stress determination method by X-ray(II). Physical testing and chemical analysis part a: physical testing, 43: 428-432.

M'SAOUBI R, OUTEIRO J C, CHANGEUX B, et al., 1999. Residual stress analysis in orthogonal machining of standard and resulfurized AISI 316L steels. Journal of materials processing technology, 96(1/2/3): 225-233.

MINKINA W, DUDZIK S, 2009. Infrared thermography: Errors and uncertainties. Wiltshire: John Wiley & Sons Inc.

MOHA MMADPOUR M, RAZFAR M R, SAFFAR R J, 2010. Numerical investigating the effect of machining parameters on residual stresses in orthogonal cutting. Simulation modelling practice and theory, 18: 378-389.

MOUSSA N B, SIDHOM H, BRAHAM C, 2012. Numerical and experimental analysis of residual stress and plastic strain distributions in machined stainless steel. International journal of mechanical sciences, 64(1): 82-93.

O'HAVER T, 2015. A pragmatic introduction to signal processing with applications in scientific measurement.

O'SULLIVAN D, COTTERELL M, 2002. Workpiece temperature measurement in machining. Proceedings of the institution of mechanical engineers part b: Journal of engineering manufacture, 216(1): 135-139.

OUTEIRO J C, UMBRELLO D, M'SAOUBI R, 2006. Experimental and numerical modelling of the residual stresses induced in orthogonal cutting of AISI 316L steel. International journal of machine tools and manufacture, 46(14): 1786-1794.

RAMALINGAM S, LEHN L L, 1971. A photoelastic study of stress distribution during orthogonal cutting-part 1: Workpiece stress distribution. Journal of manufacturing science and engineering, 93(2): 527-537.

SAIF M T A, HUI C Y, ZEHNDER A T, 1993. Interface shear stresses induced by non-uniform heating of a film on a substrate. Thin solid films, 224(2): 159-167.

SHAW M C, 2005. Metal cutting principles. 2 ed. New York: Oxford University Press.

SHI H, 2018. Metal cutting theory: New perspectives and new approaches. Berlin: Springer.

SILVA S, FRAZAO O, SANTOS J, et al., 2006. Discrimination of temperature, strain, and transverse load by using fiber Bragg gratings in a twisted configuration. Sensors journal IEEE, 6: 1609-1613.

SILVA S, FRAZAO O, SANTOS J, et al., 2008. Fibre Bragg grating structure in a braid twisted configuration for sensing applications. Journal of optics a: pure and applied optics, 10: 055308.

SMITHEY D W, KAPOOR S G, DEVOR R E, 2001. A new mechanistic model for predicting worn tool cutting forces. Machining science and technology, 5: 23-42.

SOHN H, 1998. A Bayesian probabilistic approach to damage detection for civil structures// Department of civil and environmental engineering. Stanford: Stanford University: 8-18.

ULUTAN D, ERDEM ALACA B, LAZOGLU I, 2007. Analytical modelling of residual stresses in machining. Journal of materials processing technology, 183(1): 77-87.

UMBRELLO D, M'SAOUBI R, OUTEIRO J C, 2007. The influence of Johnson–Cook material constants on finite element simulation of machining of AISI 316L steel. International journal of machine tools and manufacture, 47(3/4): 462-470.

WIESSNER M, ANGERER P, 2014. Bayesian approach applied to the Rietveld method. Journal of applied crystallography, 47: 1819-1825.

YAN L, YANG W Y, JIN H P, et al., 2012a. Analytical modeling the effect of the tool flank wear width on the residual stress distribution. Machining science and technology, 16(2): 265-286.

YIN T, LAM H F, CHOW H M, 2010. A Bayesian probabilistic approach for crack characterization in plate structures. Computer-aided civil and infrastructure engineering, 25: 375-386.

YUEN K V, 2010. Recent developments of Bayesian model class selection and applications in civil engineering. Structural safety, 32: 338-346.

ZHANG D, 2007. Basic knowledge of residual stress determination - lecture No. 2 basic concept of stress determination by X-ray. Physical testing and chemical analysis part a: physical testing, 43: 263-265.

ZHANG Y H, YANG W Y, 2013. Bayesian strain modal analysis under ambient vibration and damage identification using distributed fiber Bragg grating sensors. Sensors and actuators a: physical, 201: 434-449.

ZHANG Y H, YANG W Y, 2014. A comparative study of the stochastic simulation methods applied in structural health monitoring. Engineering computations, 31(7): 1484-1513.